KB203561

굴라쉬
브런치

굴라쉬
브런치

짜라투스트라는 자신의 유일한 동시대인은 '시간'뿐이라고 말했다. 그 말이 어떤 맥락에서 나온 것이었는지 지금으로선 가물가물한데, 그가 진실로 고독하고 고독하다는 의미였다면 저 단호한 선언에 담긴 절실한 그 무엇을 감히 짐작할 수 있을 것도 같다. 고독은 빙하와 같다. 빙하처럼 혹독하고 소스라치게 차가운 그것은 아무 때나 소리 없이 녹아내려 연약한 하루를 난감하게 적셔버린다. 고독은 일상의 재해이다. 난데없이 짜라투스트라가 애틋하게 느껴지는 이 새벽. 그의 이름을 떠올릴 때면 언제나 짜파게티가 먹고 싶더라. 탱글탱글하고 기름기 잘잘 흐르는 MSG 덩어리! 아유~ 사특한 것. 어느새 나는 짭짭 입맛을 다시고 있다. 그래 봤자 치약 맛밖에 더 나겠냐마는. 짜파게티 씨가 못내 그립기는 하지만, 그는 여행을 함께하기에 썩 좋은 친구는 아니다. 진정한 짜파게티란, 약간 덜 익힌 면에 넣을 것을 다 넣은 다음 센 불에서 휘휘 저으며 볶아주는 과정이 있어야 정식으로 완성되기 때문이다. 뜨거운 물을 부어 간신히 녹여 먹는 컵라면으로는 그 순간적이고 강렬한 화력이 만들어내는 맛을 논할 수 없다. 요컨대 컵라면의 원리는 언 발에 오줌 누기, 그 이상도 그 이하도 아닌 것이다.

그럼에도 불구하고 파리의 호텔 방에서 한밤중에 냄새

피우며 먹었던 컵라면 맛은 대단히 훌륭했다. 토마토 한 개와 볼 빨간 미소로 당직 서는 호텔 직원을 꼬드겨서 끓는 물을 조달했다. 물론 그에게는 속이 허해서 잠이 안 온다는 민망한 진실을 발설하지 않았다. 그 대신 뜨거운 허브티로 피로를 풀고 싶어서 그런다고 나른한 수선화처럼 뇌까렸을 뿐이다. 비상식량으로 컵라면을 챙겨오길 얼마나 잘했냐며, 이번 동유럽 여행의 동반자 비노 양과 나는 서로의 선견지명과 유비무환 정신을 칭송했다. 인생을 음식에 비유할 수 있다면 '면류'의 삶보다 보람찬 것이 또 있을까? 육류는 정치적이고 주류는 파괴적이다. 찌개류는 일부일처제의 답답함을, 탕류는 자유연애의 허무맹랑함을 닮았다. 그렇다면 면류는? 면류는 한 마디로 요긴하다. 미식가의 본고장 파리를 떠나는 이 마당에 읊어대는 '섭식의 추억'이 고작 컵라면에 대한 것이라니. 나도 안다. 무지하게 간지가 안 산다는 것을. 하지만 추억의 취향은 본래 촌스러운 법이 아닐까.

차창 밖의 풍경은 백내장에 걸린 안구처럼 혼탁하고 나는 동시대인을 잃어버린 데드 맨Dead Man이 된 듯 허전하다. 파리에 체류하는 동안 나름 유명하다는 식당들을 찾아가 보기도 했지만, 특별히 인상적이거나 까무러치게 맛있었던 음식은 잘 기억이 안 난다. 워낙 식도락에 냉랭한 인간이기도 하고, 파리에서는 온통 허둥지둥, 좀 여유가 없기도 했다. 그나마 퍼뜩 떠오르는 것은 니콜라Nicolas 와인 숍에서 강매(?)당하다시피 했던 냉장보관 푸아그라의 기름진 맛이다. 송로버섯, 철갑상어 알과 함께 세계 3대 진미라는 거위 간. 코딱지만한 유리 용기에 담긴 그것을 와인 사러 온 손님들에게 끼워 파는 것이 주인아저씨의 필살기인 듯했는데, 꼭 찰흙 덩어리에 이발소 머릿기름을 반죽해 놓은 것 같은 생김새를 하고 있었다. 비노 양은 그 오묘한 맛의 세계를 이해하는 눈치였지만, 모호한 입맛과 주관의 소유자인 나는 묵묵히 그 몹쓸 것을 씹으며 미지의 맛을 견뎠을 뿐이다. 그런 식으로 다진 거위 간에 갖은 재료를 버무려 차갑게 먹도록 조리한 것을 테린terrine이라고 부른다는 사실을 나중에야 알았다. 빵에 스프레드처럼 발라 먹으면 일품이라는데 무식하게 그걸 생짜로 먹었으니. 애꿎은 간만 내놓고 고객만족에 실패한 녀석의 아우성이 들리는 듯하다. 난, 난 꿈이 있었죠. 버려지고 찢겨, 남루하여도… 그래도 다행이지 뭔가. 여행자에게 남루함은 흉이 아니다. 여행자는 백조가 되지 못한 거위가 아니다. 나는 내 스스로 거위의 낮은 포복을 선택했고 싸늘한 우아함 대신 야무진 우직함으로 승부할 거니까. 발은 겸손하다. 오늘 나의 두 발은 또 새로운 땅을 밟을 것이다.

　　　　　때는 9월 중순. 아무리 여름이 달궈 놓은 노릇노릇한 대륙의 온기가 채 식지 않았다고 한데도 아직 해도 안 뜬 시간이다. 새벽은 춥다. 그것은 자명한 코페르니쿠스적 진실이다. 그런데 어째서 오를리 공항버스 안을 가득 채운 이 미친 유러피언들은 하나같이 민소매 티 하나만 달랑 입고 다리로 트레몰로를 연주하고 있는 것일까. 아유, 정신 사나워. 다리 좀 그만 떨라구!(속으로만 불끈 외쳤다) 긴소매 티셔츠에 검은색 점퍼, 머플러까지 칭칭 두르고서도 매너 모드의 휴대전화처럼 주기적으로 떨고 있는 나는 진심으로 경외심을 품고 그들을 바라보는 중이다. 나도 파리에서는 나름 일탈한답시고 쇄골이 홀라당 드러나는 오프숄더 스웨터를 입고 다니기도 했단 말이다. 하지만 파리보다 위도가 높은 프라하의 을씨년스러움에 대해서는 익히 들은 바가 있던 터라 오늘만큼은 분쟁 지역에 파견된 종군기자처럼 비장하게 무장을 하고 나왔다. 남의 드러난 팔뚝을 흘끔거리는 것만으로도 온몸에 동시다발적으로 소름goose bumps이 돋는다. 거위랑 나랑 아주 제대로 웬수 졌구먼. 공기 중에 소름을 털어내려는 듯 또 한번 호들갑스레 몸을 떤다. 소름 대신 비듬만 스산하게 떨어진다.

보딩 타임에 맞추기 위해 꼭두새벽부터 부산을 떨어야 했다. 서울에서 파리로 들어올 때는 샤를드골 공항을 이용했지만, 파리에서 유럽의 다른 이웃나라로 나갈 때는 오를리 공항을 통한다. 공항버스 안에 동양인은 비노 양과 나 둘뿐. 서류가방을 든 중년 남자 몇몇을 제외하고는 대부분 배낭여행을 하는 유럽 토종 젊은이들이다. 2차 성징의 격한 발달 과정 틈틈이 자연스럽게 독립심을 몸으로 익힌 저들의 자유가 부럽다. 너무 샘이 나서 꼬불거리는 다리털을 몽땅 다 뽑아버리고 싶을 정도이다. 다리 좀 그만 떨랬지! 눈에 쥐가 나려고 한단 말이야. 무슨 이야기인지 정확히는 모르겠지만 이제는 왠지 친숙하게 들리는 불어 방송이 나온다. 오를리 우에스트(서쪽)와 오를리 수드(남쪽), 두 정거장에 대해 안내하고 있다. 오를리 우에스트는 국내선 공항이고, 우리가 가야 할 곳은 오를리 수드 공항이다. 파리에서 프라하까지는 거리가 만만치 않은 데다가 시간을 조금이라도 아끼려는 심산으로, 기차 대신 저가항공을 선택했다. 저가항공이라고 유별나게 더 위험할 것도 없다. 어차피 알루미늄 덩어리를 타고 하늘을 날겠다는 인간의 발상 자체가 신의 입장에서는 심히 깜찍한 모험일 터. 안 그래도 저렴한 수준인데, 새벽이나 밤 등 한산한 시간대를 노리면 요금은 쭉쭉 더 내려간다. 심지어 이벤트 기간에는 단돈 만 원으로 예약할 수 있는 곳도 있다. 우리가 이용한 스카이 유럽Sky Europe은 생각보다 넓고 깨끗해서 아주 흡족했다. 서울에서 타고 간 이코노미 항공보다 다리 뻗을 공간이 더 여유로웠으니 말 다했다.

흡족함과 희희낙락도 잠시. 파리 땅에 발붙이고 돌아다니는 동안 물러가 있던 멀미 증후군이 공중부양과 동시에 또다시 나를 덮쳤다. 잔뜩 껴입은 옷 때문에 등줄기에선 식은땀이 주룩주룩 흘러내렸다. 식도 저 끝에서 어떤 거부할 수 없는 기운이 느껴졌다. 그것은 중력의 명령에 저항하며 자꾸만 위로, 위로 솟구치려 하고 있었다. 야망이 지나친 자식이다. 다급히 세상 모든 낮은 것들을 떠올려본다. 구덩이, 잉크처럼 검은 슬픔이 괴어 있는 깊은 구덩이, 심연의 우물, 끝없이 추락하는 두레박, 지하 150미터 천연 암반수, 소한小寒 무렵의 수은주, 기어이 꿇어야 했던 야윈 두 무릎, 생채기 난 열아홉의 존재감…. 고맙게도 역한 기운이 서서히 가라앉는다. 위산과의 불편한 조우는 면했다. 프라하가 멀지 않았다.

차례

체코
프라하 & 베네쇼프

구시가지 안에서는 걷는 재미가 쏠쏠하다. 차창 밖으로 내다보는 줌아웃

세상도 매력적이지만 걸으면서 줌인해 들어가는 세계는 모든 것이 더 크고

진하게 개인적으로 보인다. 평화롭고 즐거운 개입이다. 세계도 나의 간섭을

마다하지 않는다. 걷기 자체가 크고 작은 명상을 부르는 행위인데,

그중에서도 강변을 걷는 것은 달라이 라마를 대동하고 개인 교습을 받는

것쯤 된다. 내게는 이만큼 마음을 잔잔하게 해주는 것이 없다. 모든

도시에는 문화와 역사를 상징하는 강이 있다. 유유히 흐르는 강물은

현상적으로 시간을 은유하기에 더없이 안성맞춤이다. 성장의 찌꺼기를

삼키고 있는 한강, 키치적인 것들의 고향 소양강, 오르세 미술관 꼭대기에서

새의 눈으로 바라보았던 세느 강, 괴테의 노회함을 닮은 듯했던 로마의

테베레 강, 그리고 여기 프라하의 메이플 시럽 같은 블타바 강.

짜라투스트라는 자신의 유일한
동시대인은 '시간' 뿐이라고 말했다.
그 말이 어떤 맥락에서 나온 것이었는지
지금으로선 가물가물한데,
그가 진실로 고독하고 고독하다는
의미였다면 저 단호한 선언에 담긴
절실한 그 무엇을 감히 짐작할 수 있을
것도 같다.
고독은 빙하와 같다.
빙하처럼 혹독하고 소스라치게 차가운
그것은 아무 때나 소리 없이 녹아내려
연약한 하루를 난감하게 적셔버린다.
고독은 일상의 재해이다.

G Černý Most

Rajská zahrada

Vysočanská

Palm

여행자는 행동 하나하나에 온 마음을 담아
집중한다. 세상에서 제일 사소한 일을
최고로 진지하게 해낸다.
나를 둘러싼 시공간에 대한 극진한 예의가
저절로 우러나온다. 여행이 아니라면,
삶은 언제나 나에게 부당한 입신여김을
당해왔다. 하지만 여행지에서는
그 지긋지긋하던 삶이 나를 도발한다.
더 이상 지루하지 않은 척하려고
애쓸 필요가 없다. 나는 졸린 고양이처럼
솔직해진다.

사실 짧은 여행 후에 어느 나라 혹은 그 나라 사람들에
대하여 섣부른 진단을 내리는 것만큼이나 위험한 태도는,
책이나 영화에서 만난 허구의 인물과 실제 사람들의
특성을 동일시하고 일반화하는 것일 테다.
우리가 시장이나 버스에서 부딪치는 현지 사람들은
픽션의 주인공보다 훨씬 더 추상적이고 모호하며
비일관적이다. 그들은 데생이 끝난 후의 4B연필처럼
뭉툭하고 투박하다. 그들에게선 아우라 대신
매캐한 생활의 냄새가 풍길 뿐이다.

나는 어딘가를 여행하기 전에 그곳을 배경으로 한
책이나 영화로 여행 연습하는 것을 좋아한다.
나에게는 그것이 사랑에 빠지기 위한 구실이다.
사랑은 우연을 필연으로 만들려는 덧없는 몸부림이
아니던가. 그 덧없음에도 불구하고 그것은 세상에서
가장 순수할 수 있는 유일한 감정이다. 흐라발이나 카프카가
아니었다면 이만큼 프라하를 좋아하지 못했을 것이다.

생각해보면 산다는 게 허기를 채우는 것과 다를 게
뭐냐 싶다. 여행을 하는 것도,
글을 쓰는 것도, 관계를 맺는 것도
결국은 서로 다른 종류의 허기를 채우는 일이
아니겠는가. 세계 각지의 공항에는 섭식장애자들이
우글거린다. 그들, 아니 우리들은 아무리 잘 먹어도
해결되지 않는 어떤 충동을 품고 있다. 때로는 그
충동 때문에 가슴이 터질 지경이다.
지구가 점점 더워지는 것은 이산화탄소가 아니라
그 충동들 때문인지도 모른다. 그래도 지구를
떠날 수는 없으니까 제가 태어난 나라라도
떠날 궁리를 하는 것이다.

내게 행복은 본디 어집합이다.
감당해야 할 것들을 감당하고
견뎌야 할 것들을 견디고 났을 때
그제야 존재감을 얻는 것, 그래서
황송하기 짝이 없는 것.
그런데 어떤 사람에게는 그것이
그저 쉽기만 하다. 이상하게도
그들의 행복 꽃가루는 내 몸속에
행복을 전염시키는 대신 이물질이
되어 나를 가렵게 한다.

카프카의 글은 행간마다 슬픔이 비비 적대는 문장들이 마음을 할퀴어서 좋다.
슬픔의 끈질긴 점성은 도리 없이 매혹적이다.
웃음도 뛰어난 미학이지만 안타깝게도 찰나적이다. 오래 가는 것은 슬픔이다.
슬픔에 흠씬 젖었을 때 나는 인생 앞에 고분고분해진다.

여행이란 게 원래 시시하다.
성당을 하나 더 보고, 바로크니 고딕이니 꽥꽥거리는 것이 중요한 것
같지는 않다. 물론 그것은 그 나름대로 의미가 있다. 아는 만큼 더 보인다는
것은 명징한 진실이다. 하지만 나는 그냥 그 순간을 살았다는 것이
중요하다. 어차피 여행은 각진 다면체 세상을 내 맘에 맞게 이리저리
둥글리는 작업이 아닐까. 너무 낯설어서 날카로웠던 세상의 한구석을
내 두 발로 조금 닳게 만들었다면, 그것으로 되었다. 공부 잘하는 법,
연애 잘하는 법은 있어도 여행 잘하는 법은 정의상 성립되지 않는다.
여행에서는 치사한 합리화도 허용된다. 그래서 가장 초라한 여행조차
눈부시게 찬란할 수 있다. 나는 그렇게 믿는다.

델니츠카 24번지

뜨거운 목욕으로
치유할 수 없는 것들이
분명히 있긴 하다.
하지만 그다지 많다고는 할 수 없다.
― 실비아 플라스

오븐에 머리를 처박고 자살한 시인 실비아 플라스가 저런 말을 했다고는 도저히 믿을 수가 없지만, 어쨌든 나는 그녀의 말에 진심으로 공감한다. 특히 여행 중에 치르는 목욕은 치유 효과와 더불어 어떤 경건한 의식과도 같은 측면이 있다. 어디 목욕뿐일까. 세면대 앞에 허리를 구부리고 속옷 빨래를 할 때도, 손톱 발톱을 깎고 나서 초승달 스무 개를 가지런히 티슈에 싸서 쓰레기통에 집어넣을 때도, 여행자는 행동 하나하나에 온 마음을 담아 집중한다. 세상에서 제일 사소한 일을 최고로 진지하게 해낸다. 나를 둘러싼 시공간에 대한 극진한 예의가 저절로 우러나온다. 여행이 아니라면, 삶은 언제나 나에게 부당한 업신여김을 당해왔다. 익숙함이 낳은 무례함이란 사생아, 권태, 생계형 짜증, 줄줄이 매달린 의무들. 만만한 마누라에게 온갖 성질을 다 부리는 못난 마초처럼 굴었다. 하지만 여행지에서는 그 지긋지긋하던 삶이 나를 도

39

발한다. 더 이상 지루하지 않은 척하려고 애쓸 필요가 없다. 나는 졸린 고양이처럼 솔직해진다.

정도의 차이는 있겠지만, 모든 사람들은 일상 속에서 연기를 한다. 잘 지내는 척, 바쁜 척, 부끄럽지 않은 척, 무관심한 척. 그중의 제일은 뭐니뭐니해도 쿨한 척이다. 먹어치운 밥그릇 개수만큼 노련해진 우리는 있는 그대로 감정을 노출했다간 어떤 일이 벌어지는지, 그 참혹한 결과를 잘 알고 있다. 너무 성급하게 표시한 관심 때문에 망쳐버린 연애. 딱 한 번 진짜 속마음을 이야기했다가 깨져버린 우정 따위. 진심이란 녀석은 땀을 잘 흘린다. 그래서 여차하면 들키기 십상이다. 아무한테나 겨드랑이를 드러내고 땀 냄새를 맡게 해서는 안 된다.

여기 프라하 델니츠카 24번지에 살았던 사람들은 모르긴 몰라도 연기의 귀재들이었을 것이다. 그것은 생존과 직결된 문제였기 때문이다. 그들이 연기했던 것은 나비부인이나 햄릿이 아니라 회의하지 않는 충성스런 인민이었다. 사회주의 시절에는 모든 건물에 정부에서 파견한 스파이가 살고 있었다고 한다. 건물에 사는 주민들의 일거수일투족을 감시하고 그들이 이상한 모임을 갖지 않는지 살펴보는 것, 즉 털끝만큼이라도 의문을 품는 자가 있으면 족집게처럼 색출하는 것이 그들의 임무였다. 그러한 감시 활동 때문에 주민들이 느닷없이 경찰에 끌려가 조사를 받거나 체포되는 경우가 많았다.

우리가 짐을 푼 방의 이름은 루디 프라포Rudy Prapor. 이 건물에서 마지막까지 스파이 활동을 했던 사람의 이름과 같다. 루디 프라포… 루디 프라포…. 낯선 이름을 가만히 되뇌어본다. 아무런 실체가 느껴지지 않는다. 단어의 울림은 저 높은 천장에 아득하게 닿았다가 고동색 마룻바닥에 둔탁하게 떨어진다. 실제로 그 이름의 주인은 인격이 아니라 체제에 못질된 금속 부품이었을 것이다. 산화의 찌꺼기인 붉은 녹을 줄줄 흘리면서도 끝까지 붙박여 같이 썩어가는 구리 못 같은 그런 것. 루디 프라포란 이름도 서류철 속에서는 HGW XX/7 같은 기호의 형태로 존재했을지 모른다.

영화 〈타인의 삶〉을 보면 사회주의 체제 하의 동유럽에서 자행된 감시와 정보 수집 활동의 실상이 잘 나타나 있다. 영화는 삶의 조건을 말살하는 각질화된 체제 속에서도 결국 믿을 것은 인간의 심장밖에 없다는 소박한 메시지를 뭉클하게 전달해주지만, 실제로 그 시대를 피와 뼈로 겪어낸 사람들은 여러 번 인간의 심장에 배반당하고 인간임을 후회하거나 저주하기도 했을 것이다. 지금 이곳은 서 토비Sir Toby란 이름의 호스텔로 거듭나 말끔하고 멀쩡한 표정으로 전 세계의 호기심 많은 관광객들을 맞아들이고 있다. 그러나 사연 많은 여자는 눈 밑에 검은 그늘이 드리워져 있는 법. 무덤덤한 겉모습 이면에는 아무것도 묻지 말고 아무것도 궁금해 하지 말라는 점잖은 경고가 번득이고 있는 듯도 하다.

타인의 삶 헤드셋을 착용한 정보국 요원 비슬러의 표정이 도청하는 눈치곤 꽤나 숭고해 보였던 영화. 예술로 인해 영혼이 한껏 고양된 표정이 그런 표정인 걸까? 이처럼 '타인의 삶'을 '그의 삶'으로 변주한 건 바로 예술이었다. 냉철한 요원 비슬러는 드라이만이 연주하는 '선한 이들의 소나타'의 선율이 흐르자 눈물을 흘린다. 아름다움이 그를 구원한 것! 연출은 평범한 편이다. 연기력이 탄탄한 배우들이 아니었다면 인상적인 영화가 못 되었을지도 모른다. 극작가 익의 세바스티안 코치는 〈흑색 책〉에서 인간적인 독일군 장교로 나왔던 배우. 여배우로 분한 마티나 게덱은 〈비밀적 고의에 의한 여름휴가〉를 앙큼 풍만하게 장식한 여인. 마지막으로 '영원한 비슬러' 울리히 뮤흐, 성게를 초월한 그 관대한 이마에 경의를 표한다.

우리가 예약한 방은 2인실이었는데 무슨 착오가 있었는지 2인실이 남아 있지 않아서 얼떨결에 3인실을 통째로 차지하는 행운을 얻었다. 저렴한 요금이 송구스러울 정도로 방은 널찍하다 못해 휑할 지경이었다. 침대 시트는 초야를 앞둔 신부를 기다리는 듯 새하얗게 반짝거렸다. 바닥은 뒹굴고 싶은 충동이 일 만큼 깨끗했으며, 어디선가 "이 방은 먼지 한 톨도 허용하지 않습니다!"라는 환청이 들리는 것 같았다. 감동에 매몰된 나는 번역이고 뭐고 다 때려 치고 프라하에 이민 와서 부동산 사업이나 해볼까 하는 생각을 굉장히 진지하게 3초 정도 해보았다. 천장에서 바닥까지 드리워진 커튼은 유혹적인 붉은 입술을 꾹 다물고 있다. 소심한 투숙객은 살포시 쭈뼛거리며 커튼을 젖히고, 안으로 고개를 밀어 넣어 본다. 오페라 박스석처럼 생긴 공간에 테이블과 의자 두 개가 놓여 있고 커다란 창문이 위엄 있게 아랫것들을 내려다보고 있다. 그 창문을 열어젖히면 햇살이 쓰나미처럼 밀려들고 우렁찬 테너와 소프라노의 하모니가 울려 퍼질 것만 같다.

욕실은 수도원을 연상케 하는 정갈한 짙은 회색 시멘트로 마감되었고 벽에 커다란 거울이 붙어 있다. 내 키의 두 배는 됨직한 높은 천장에 둥근 샤워기가 매달려 있다. 레버를 올리자 비눗기가 건강한 사춘기 소년처럼 무서운 기세로 물줄기를 뿜어낸다. 게다가 낙차가 워낙 커서 쏟아지는 물이 채찍처럼 착착 살에 감기는 것이 아닌가. 아야 얏, 아니 이 물이 감정 있나? 몇 번이나 천장을 올려다 보았지만, 넉살 좋아 뵈는 둥근 얼굴이 열심히 제 할 일을 하고 있을 뿐이다.

북부 지방은 그럭저럭 씻는 데 별 문제가 없었다. 솔직히 한참 얻어맞다보니 시원하기까지 했다(더 세게 때려줘요, 베이비!). 하지만 중남부 지방 세척 과정에는 심한 애로가 있었다. 물이 높은 천장에서 직선으로 떨어지다보니 다리 구석구석과 음, 거시기, 중간의 비무장지대를 완전무결하게 세척하기가 말처럼 쉽지 않더라는 말이다. 그래, 일찍이 북한의 유도 영웅 계순희 선수도 일러주지 않았더냐. 세상에 완전무결이란 없는 거라고. 사람이 적당한 선에서 만족할 줄도 알아야지. 그래도 어설픈 요가 동작이나마 익혀 둔 것이 이럴 때 짭짤하게 쓰일 줄은 몰랐다. 다리를 앞뒤 양옆으로 쳐들고 아크로바틱과 요가와 발레가 결합된 창조적인 동작을 선보여가면서 한참 동안 세척에 열중했다. 휴, 이건 정말이지 목욕을 한 건지 한반도 물청소를 혼자 다 하고 온 건지 헛갈릴 정도로 심신이 혼곤하다. 오오, 나마스테. 아니 전혀 안녕치 못해.

실비아 플라스의 말에 한 마디 토를 달자면, 뜨거운 목욕으로 치유할 수 없는 것들이 분명히 있긴 하겠지만, 그 나머지 것들은 목욕 후 진한 커피 한 잔으로 어느 정도 재활 치료가 가능할 것이다. 그러고 보니 사람은 죽을 만큼 힘들다고 해도 때때로 아주 작은 것에서 삶을 지속시킬 핑계를 찾는 동물인 듯하다. 어쨌든 죽는 것보다는 변명을 하는 게 더 쉬우니까. 하지만 정작 저렇게 말한 실비아는 자기 목숨을 끊어 버렸다! 어째 반칙당한 기분이다. 실비아네 집에 온수가 안 나왔던 걸까(잘 만든 보일러 하나, 사람을 살릴 수도 있는 것을). 수건 끄트머리를 꼬깔콘 모양으로 말아 쥐고 귓구멍을 후비면서 주방을 둘러보았다. 욕실과 침실 사이 좁은 복도에 싱크대와 작은 선반이 갖추어져 있을 뿐이지만 이 정도면 어엿하다. 곱게 가루를 낸 원두커피와 종이필터, 커피 잔도 준비되어 있다. 아하, 내일 아침에도 파자마 차림 그대로 커피를 마실 수 있겠구나. 커다란 창문을 활짝 열어놓고 햇빛을 설탕 삼아 독하고 그윽한 커피를 마셔야지.

그건 그렇고, 호스텔에 이름을 빌려준 토비 경이란 사람은 누구일까? 그치가 이 건물의 주인인 걸까? 사회주의 시절이라면 엄두도 못 냈을 부르주아적인 작명이다. 아래층 로비에 있는 미녀에게 물어보고 싶지만, 좀 차가운 인상이라서 말을 걸기가 무섭다. 갈색 생머리를 어깨까지 늘어뜨린 그녀는 키가 늘씬하고 이지적이면서도 은근히 섹시한 분위기를 풍기는 사람이다. 난 여자인데 왜 섹시한 여자를 보면 울렁증이? 그녀는 얇은 입술을 팽팽하게 당기면서 또박또박 꽤 유창한 영어를 구사했고, 예의바르지만 다분히 사무적인 태도로 제반 사항을 설명해주었다. 허나 그런 그녀도 남자 투숙객들한테는 실실 눈웃음도 치고 새까만 속눈썹을 부채처럼 팔랑팔랑 흔들기도 하더란 말이지. 아마 어떤 계산이나 의도에서 나온 행동은 아닐 것이다. 단지 이 세계의 이분법이 꽤나 완강하기 때문일 뿐. 남과 여, 음과 양, 좌와 우, 동과 서, 안과 밖…. 우리에게는 이런 완강한 이분법에 구멍을 내는 용감한 드릴 공이 필요하다. 숨 막히는 세상을 구멍 숭숭 뚫린 현무암처럼 만들어서 소수자들의 숨통을 틔워줄 섹시하고 박력 있는 드릴공 말이다.

　　　　　　결국 그녀한테는 변변히 말도 못 붙여보고 집에 돌아와 이메일을 보냈다. 사티아Satya란 이름으로 도착한 답변은 기대 이상으로 상냥했다. 얼음 여왕에게 이런 나긋나긋한 구석이 있었다니. 역시 사람은 섣불리 판단하면 안 된다고 다시 한 번 반성했는데, 알고 보니 사티아는 내가 본 그녀가 아니었다. 게다가 황당하게도 사티아는 남자였다. 그가 알려준 바에 따르면, 토비 경의 이름은 〈한 사람을 위한 저녁 식사A Dinner For One〉라는 제목의 1920년대 촌극에서 따 온 것이다. 이 촌극에는 집사로 보이는 토비 경과 나이 지긋한 여주인 '미스 소피'가 등장한다. 커다란 식탁 앞에는 미스 소피 한 명만 달랑 앉아 있지만, 미스 소피와 토비 경은 가상의 손님들이 함께 식사를 즐기기 위해 모여 있는 것처럼 행동한다. 토비 경은 보이지 않는 손님들을 위해 술을 따르고 접시를 나른다. 토비 경은 반복적으로 넘어지고 점증적으로 술에 취해가면서 속칭 '몸 개그'를 보여준다. 실제로 프라하에는 '서 토비 호스텔' 말고도 '미스 소피 호스텔'이 있다. 구글에서 'A Dinner For One'을 검색하면 이 촌극을 동영상으로 볼 수 있다. 사티아, 고마워요. Dick-y, Satya.

한 사람을 위한 저녁 식사　영국 작가 라우리 와일리Lauri Wylie가 1920년대에 쓴 촌극. 텔레비전의 보급으로 영국을 비롯한 유럽 각국에서 방영되며 유명해졌다.

엄중히 감시받는 트램에서 아침을

"당신이 이방인이라고 해도
사람들은 당신을 편하게 해줄 거예요.
빈 커피 잔을 채워주고
혼자 있게 내버려두지 않을 걸요.
당신 같은 사람들을 여러 번 본 적이 있으니까요.
- 스테이시 켄트 〈Breakfast On The Morning Tram〉

　　　　프라하에 오니 새로운 교통 수단이 눈에 띈다. 버스처럼 지상 위를 누비고 다니는 작은 기차 트램이다. 공중을 얼키설키 가로지르는 선을 직직 끌면서 꽤 빠른 속도로 시내를 돌아다닌다. 물 찬 제비 빰치게 민첩한 데다 장난감 기차 토마스처럼 귀엽게 생긴 녀석이다. 트램을 타는 것은 프라하에서의 첫 도전이었다. 비노 양과 나는 호스텔에서 가져온 예쁜 지도와 80코루나짜리 1일권을 들고 떨리는 마음으로 트램에 올랐다(1코루나는 약 45원이다).

　　　　지도에는 간단한 생활 체코어 몇 가지가 영어 설명과 함께 수록되어 있는데, 뽑아 놓은 표현들이 가관이다. "Twin tailed lion 꼬리 둘 달린 사자," "Condoms콘돔," "I'm having a heart attack 심장마비에 걸릴 것 같아요." "Are those teeth false?그 이빨 가짜예요?" 심지어 "Please may I fondle your buttocks?당신 궁둥짝을 좀 쓰다듬어도 될까요?" 이러구 있다. 그런데 킥킥거리다가 생각해보니 이거, 꽤 애틋한 표현이 아닌가 싶다? 살다가 이런 표현이 절실해질 날이 온다는 거, 벅차게 행복한 일이 아닐까? 언젠가 걷잡을 수 없이 본능을 요동시키는 도톰한 궁둥짝을 만나게 된다면, 미친 척하고 한번 시도해보자. 어차피 세상은 미쳐 돌아가고 있으니.

파리 지하철에 간신히 적응했더니 이젠 트램이다. 안내 방송은 당연히 도움이 안 되고, 소형 전광판에 붉은 글씨로 정류장 이름이 표시되지만 내 눈에는 그저 지렁이처럼 보인다. 한 글자 한 글자 대조해보면 되겠지 싶어서 무식하게 그림 맞추기를 해보는 중인데, 머리만 지끈거리고 도통 감을 못 잡겠다. 이래 가지고 첫 번째 목적지인 바츨라프 광장 에 무사히 갈 수 있을는지. 파리에서와는 또 다른 막막함이다. 차창 밖으로 무성 영화처럼 흘러가는 한적하고 수수한 동유럽의 도시 풍경을 보고 있자니, 세계로부터 고립된 것 같은 기분마저 든다. 한심한 생각이다. 그만큼 내 머릿속의 프레임이 서쪽으로 왕창 치우쳐 있기 때문일 것이다.

아무래도 지도를 좀 더 자세히 보아야겠다. 평소 나는 지도 보는 것을 굉장히 좋아한다. 납작한 종이 위에 기호화된 세상을 해독하는 일은 언제나 흥미진진하다. 지도 보기는 수학문제를 풀거나 바둑을 두는 것과도 일맥상통하는 면이 있다. 그런 종류의 일에는 미련한

바츨라프 광장 파란만장했던 체코의 근대사를 상징하는 명소. 1968년 체코슬로바키아에서 일어난 민주화 운동은 그 유명한 '프라하의 봄'을 가져왔다. 하지만 따뜻한 봄날은 그리 오래가지 못했다. 소련군과 20만 명에 달하는 바르샤바조약기구 소속 군대가 프라하로 진군해 자유주의 세력을 공격한 것. 그리고 바로 이곳 바츨라프 광장에서 점령군과 시위대 간의 격돌로 100여 명에 가까운 사람들이 목숨을 잃었다. 1989년 11월 벨벳 혁명(하벨이 반체제위한 시민포럼을 조직해 공산당 독재 체제를 무너뜨리고 체코슬로바키아의 민주화 시민혁명을 이룩했다) 때는 수십만 명의 체코 시민이 이곳을 가득 메우기도 했다. 지금은 실시가지에서 가장 번화한 거리로 노동절 등 주요 행사가 열릴 때마다 축제의 장소로 활용되고 있다.

진지함이 요구된다. 이번에도 나는 지도 속에서 해답을 찾기 위해 끙끙 거리며 연구를 시작한다. '그러니까 일단 블타바 강'을 건넌 다음에 몇 번째 정류장에 내려야 하는 거냐면…' 식으로 말이다.

이상하게 이마 언저리가 몹시 근질거린다. 기분이 찝찝 해서 고개를 들어보니 앞에 마주앉은 밤톨만한 소년이 오줌이라도 지 린 것 같은 표정으로 우리를 보고 있다. 생전 동양인 구경을 못 해봤는 지, 아니면 이렇게 이쁜 처자들을 처음 본 건지. 얼어붙은 모습이 하도 딱해 보여서 "땡!"이라고 외쳐주고 싶지만, 그랬다가는 애가 숫제 부러 져버릴 것만 같아 그냥 가만히 앉아 있었다. 그러고 보니 트램 안에 있 는 사람들 전부가 안 보는 척 흘끔흘끔, 어떤 사람은 아예 대놓고 뻔뻔 하게 우리를 쳐다보고 있다. 아니, 이 사람들이 관광객 처음 봤나. 나도 당신들 처음 봤거든? 우린 시장에 팔러 내놓은 국거리가 아니라고요.

얼떨결에 눈싸움 대국이 벌어진 트램 안에서, 사뭇 오기 가 발동한다. 하지만 너무 긴장한 탓일까, 앗, 내가 먼저 깜박이고 말았 다! 독한 사람들. 인간의 안구가 아니다. 보후밀 흐라발이 봤다면 『엄중 히 감시받는 열차』속편을 썼을 법한 상황이다. 시선은 관심의 증거일 수도 폭력의 수단일 수도 있는 양날 검이다. 저들이 나에게 폭력을 가할 이유도, 그럴 마음도 없는 순박한 소시민일 뿐이라는 것을 잘 알지만 제 대로 간수하지 못하고 무책임하게 풀어놓는 시선이 그리 편치만은 않 다. 시선에도 냄새가 있다면 어떨까? 정치적으로 올바르지 못한 시선이

블타바 강 독일 명칭으로는 몰다우 강. 프라하 시가를 동서로 가로지르며 관통하는 이 강에는 모 두 13개의 다리가 있는데, 그중에서도 아름다운 야경이 볼 만한 카를교가 가장 유명하다. 카를교 는 차량 출입이 금지되어 있어 관광객들은 걸어서 다리를 건널 수 있다. 배우 소지섭이 이 다리에 서 블타바 강을 배경으로 디지털 카메라 CF를 찍어 우리에게도 친숙한 곳. 블타바 강의 아름다운 경관은 스메타나의 교향시〈몰다우〉를 낳았다.〈몰다우〉는 총 6곡으로 구성된 교향시〈나의 조국〉 중 두 번째 곡으로, 스메타나가 청각을 잃은 후 쓴 곡이어서 더욱 유명하다.

꽂힐 때마다 방귀처럼 독한 냄새가 뿜어져 나온다면, 사람들도 외국인이나 장애인을 쳐다볼 때 좀 더 조심하게 되지 않을까?

체코 하면 밀란 쿤데라, 프란츠 카프카 등이 잘 알려져 있지만 사실 체코 국민들에게 더 많은 사랑을 받는 작가는 보후밀 흐라발이다. 여행을 시작하기 전 우연히 이 작가에 대해 알게 되었고 워밍업 삼아 그의 작품을 읽고 왔는데, 이렇게 프라하 한복판에서 내가 '엄중히 감시받는' 입장이 된 것이 야릇한 인연처럼 느껴진다. 흐라발을 알기 전까지만 해도 체코 하면 떠오르는 이미지는 '프라하의 봄'으로 대표되는 얼룩진 현대사, 벌거벗은 검은 중절모의 여인 사비나, 카프카의 부조리한 소설들 정도가 다였다. 그런 나에게 보후밀 흐라발은 새로운 발견이었고, 우리는 만나자마자 서둘러 유쾌한 우정을 쌓기 시작했다. 그의 대표작 『엄중히 감시받는 열차』는 1945년 독일이 패망하기 전에 마지막 발악을 하던 무렵, 한 조그만 기차역을 배경으로 체코 사람들의 사는 모습을 희비극적으로 그린 작품이다. 『호밀밭의 파수꾼』의 홀든 코울필드를 연상케 하는 마음이 여리고 세상에 대한 연민으로 가득 찬 주인공 밀로시 흐르마, 그런 밀로시를 너무나 예쁘게 유혹하는 건강한 보조개 아가씨 마샤, 야간근무 중에 동료 여직원을 밥공기처럼 엎어 놓고 그 튼실한 엉덩이에 업무용 직인을 찍는 만행을 보여준 막돼먹은 역무원 후비치카 씨, 언제나 환기통에 대고 소리를 지름으로써 울화를 다스리는 우스꽝스러운 권위의 화신 역장과 그의 분노를 묵묵히 뒤처리하는 인내의 쓰레받기 역장 부인 등…. 보후밀 흐라발의 인물들은 하나같이

보후밀 흐라발, 엄중히 감시받는 열차 수습 역무원 밀로시 흐르마는 스물두 살의 숫총각. 차장 아가씨 마샤와 첫 경험에 실패한 그는 자살을 시도하지만, 벽돌공의 도움으로 간신히 살아난다. 때는 파시즘의 광기가 세상을 휩쓸던 엄혹한 시기. 이 시절을 살아가는 청춘에게 주어진 건 투사가 되거나 안심한 인생을 자처하는 것뿐이다. 밀로시는 '엄중히 감시받는 열차'를 폭파하는 기차에 가담하는 어설픈 투사의 길을 선택한다. 하지만 설익은 투지는 한심한 성욕보다도 슬픈 법. 어쨌든 독일은 패망하고 밀로시는 마샤와 행복의 기스를 나눈다. 현실을 유머러스하게 그린 이 소설은 파시즘에 저항하는 영웅담이자 깊은 휴머니즘을 담고 있어 체코에서는 오랫동안 금기시되었던 작품이었다.

세심하게 개성적으로 창조되었고 쉴 새 없이 기발한 대사("점박이 하이에나 같은 놈!")를 쏟아놓는다. 소설을 좋아하는 독자라면 흐라발의 성의 있는 묘사와 독창적인 비유, 그리고 유머와 페이소스의 간을 기가 맞히게 맞추는 동물적인 감각에 감탄할 것이다. 본문에 이런 구절이 나온다. "체코인들이 어떤 인간들인지 알아? 실실 웃기나 하는 짐승 같은 족속이야!" 이 구절에서 비아냥거림을 걸러내고 남는 나머지 것에 공감한다. 이 책을 통해 만난 체코 사람들은 내가 어렴풋이 가졌던 선입견보다 훨씬 낙천적이고 순한 암소 같은 사람들이었다.

사실 짧은 여행 후에 어느 나라 혹은 그 나라 사람들에 대하여 섣부른 진단을 내리는 것만큼이나 위험한 태도는, 책이나 영화에서 만난 허구의 인물과 실제 사람들의 특성을 동일시하고 일반화하는 것일 테다. 우리가 시장이나 버스에서 부딪치는 현지 사람들은 픽션의 주인공보다 훨씬 더 추상적이고 모호하며 비일관적이다. 그들은 데생이 끝난 후의 4B연필처럼 뭉툭하고 투박하다. 그들에게선 아우라 대신 매캐한 생활의 냄새가 풍길 뿐이다. 그러나 나는 여전히 어딘가를 여행하기 전에 그곳을 배경으로 한 책이나 영화로 예행 연습하는 것을 좋아한다. 나에게는 그것이 사랑에 빠지기 위한 구실이다. 사랑은 우연을 필연으로 만들려는 덧없는 몸부림이 아니던가. 그 덧없음에도 불구하고 그것은 세상에서 가장 순수할 수 있는 유일한 감정이다. 흐라발이나 카프카가 아니었다면 이만큼 프라하를 좋아하지 못했을 것이다.

J. D. 샐린저, 호밀밭의 파수꾼 이 책을 좋아한다고 고백할 때마다 언제나 쭈뼛거리는 내 모습을 발견하곤 한다. 이 세상에 어울리지 않는 인간이라는 사실을 자수하는 기분이랄까. 한마디로 엿 같은 기분이 든다 그 말이다. 홀든 코울필드, 존 어빙의 가아프, 우아한 고슴도치 르네 부인… 우린 결국 비슷한 족속들이다. 우리의 인생 목표는 어딘가에 숨어서 그저 조용조용히 살아가는 것. 주체할 수 없이 연민 넘치는 호밀밭의 파수꾼들은 우리가 전향이 불가능한 인생 감옥의 장기수라는 사실을 소리 없이 일깨워준다. 문제는 이 책의 진정한 매력이 이들의 순수함에서 나온다는 것. 세상은 순수를 용서하지 않고, 그리하여 코울필드는 세싱 속으로 들어가는 걸 주춤거리지만 우리 마음 속의 호밀밭은 여전히 존재한다.

나의 페이버릿 극장인 씨네큐브에서 이리 멘젤 감독이
만든 동명의 영화가 상영된 적이 있었다. 그런데 〈가까이서 본 기차〉라
는 요상한 제목으로 둔갑했다. 체코어에서 영어로 번역된 제목은
'Closely Watched Trains.' 달랑 이 세 단어만 놓고 보자면 오히려 '엄
중히 감시받는 열차'라는 책 제목이 더 어색하고 생경한 것 같기도 하다.
하지만 작품의 전체적인 내용과 분위기를 고려한다면 구린 군홧발 냄새
가 풀풀 풍기는 듯한 책 제목 쪽이 훨씬 더 어울린다. 밀로시 흐르마가
일하고 있는 기차역에는 철저한 감시를 요하는 독일군 병력 수송열차들
이 드나든다. 수송열차에 탄 군인들은 "통조림을 따서 안에 들어 있는 고
기조각을 칼로 꺼내 먹"거나 "개울가에 발을 담그고 물장난을 하는 것처
럼 군화 신은 발을 흔들어 대"는 철없는 젊은이들에 불과할지도 모른다.
그러나 그들은 형제나 친구가 아니라 독일인이다. 독일군이 무슨 짓을
할지는 아무도 알 수가 없다. 현실은 살벌하다. 삼엄한 경계 태세, 그것
만이 살길이다. '엄중히 감시받는 열차'는 시한폭탄처럼 째깍거리는 현
실에서 갈팡질팡하는 흐르마의 의식 세계와도 닮아 있다. 흐르마는 언제
나 자신을 주시하는 창문과 뒤에서 목덜미를 노리는 바늘의 존재를 느낀
다. 미지의 시선에 포위된 삶은 설사병이 따로 없다. 시시각각 식은땀이
흐르고 다리가 후들거리니까.

　　우리가 탄 트램 안에서도 째깍째깍, 제법 시간이 흘렀
다. 슬슬 내릴 때가 되었을 것 같긴 한데 여전히 어디서 내려야 할지 모
르겠다. 울상이 된 우리들을 보고 사람 좋아 보이는 아저씨 한 분이 현

가까이서 본 기차 『엄중히 감시받는 열차』를 원작으로 한 영화. 1966년에 만들어졌다. 바츨라프
네카르가 밀로시 흐르마 역을, 지트카 벤도바가 마샤 역을 연기했다. 체코 태생의 감독 이리 멘젤
은 이 영화로 스물여덟 살 나이에 데뷔해 일약 스타덤에 올랐다. 1968년 제40회 아카데미 시상식
에서 최우수 외국어영화상을 수상했다.

란한 손짓과 고갯짓으로 의사소통을 시도하신다. 우리는 지도상에서 가야 할 곳을 짚으며 장화 신은 고양이 표정으로 간절히 아저씨를 바라본다. 너무나 열정적으로 설명하는 아저씨의 노력에도 불구하고 전혀 못 알아먹는 내 자신이 미워서 콱 죽어버리고 싶은 기분마저 든다. 그는 애꿎은 창문을 쿵쿵 두드리며 울화통을 터뜨린다. 비노 양과 나는 서로 얼굴만 마주볼 뿐이다. 열불 나게 답답한 애들 다 보겠다는 듯 그는 좀 더 격하게 창문을 두드린다. 갑자기 절대 본능의 부름을 받은 우리는 문이 열리자마자 뭐에 홀린 듯이 트램에서 내렸다. 허겁지겁 주위를 둘러보니 Můstek이라고 적힌 지하철 표시가 보였다. 여기서 조금만 올라가면 바츨라프 광장이다. 이런 걸 두고 뒷걸음질로 쥐 잡았다고 하나, 손 안 대고 코 풀었다고 하나. 좌우간 여행을 하다보면 감미로운 '우연의 음악'에 놀랄 때가 한두 번이 아니다. 그러다가 맛 들리면 적극적으로 얄궂은 주사위 장난을 즐기게 된다.

사실 트램과의 첫 경험 이후, 우리는 너무도 능숙하게, 시건방까지 떨어가면서 똑 소리 나게 잘만 타고 다녔다. 왜 그렇게 겁을 먹었었는지 이해가 되지 않을 정도로, 아니 세상에 이보다 더 편한 교통수단이 있을까 싶은 것이었다. 누가 보여 달라는 사람도 없는데 1일권을 청와대 오찬 초대장처럼 휘두르면서 자유롭게 몇 번 타고 다녀보니 트램에서는 아무도 표 검사를 하지 않는다는 사실도 알게 되었다. 누런 얼굴색은 엄중히 감시를 받을지언정 표에 대해선 비교적 관대한 사람들인가 보다. 허나 본인이 '머피의 법칙'에 자주 희생되는 편이라고 생각하는 분이라면 섣불리 객기 부리지 마시고 그냥 합법적으로 표를 끊어 다니시기를 권한다. 그 돈 아낀다고 강남에 집 사는 것도 아니다.

트램 하면 생각나는 앨범이 있는데, 꼭 프라하가 아니더라도 트램이 있는 유럽의 도시를 여행할 때 들으면 기가 막히게 어울릴 만한 음악이다. 영국의 재즈 보컬리스트 스테이시 켄트가 부른 〈모닝 트램에서 아침을Breakfast On The Morning Tram〉 이라는 앨범이다. 동명의 곡은 물론이고 'The Ice Hotel', 'I Wish I Could Go Travelling Again' 등 버릴 곡이 하나도 없다. 입안에서 차가운 석류 알 아흔아홉 개를 동시에 터뜨리는 느낌이 이럴까. 그녀의 목소리는 시고 탱탱하고 음전하면서 대담하다. 더구나 이 앨범은 『남아 있는 나날들』의 작가 가즈오 이시구로가 작사에 참여해서 더욱 특별하고 서정적인 수필 같은 재즈 앨범을 만드는 데 기여했다. 트램이든 곤돌라든 혹은 덜컹거리는 탈주열차든, 모든 탈것의 티켓에는 당신을 지금 여기가 아닌 낯선 시공간으로 데려다주겠노라는 굳은 약조가 적혀 있다. 그런 아무 티켓 하나, 그리고 MP3 파일 대신 베이글처럼 둥근 구멍이 뚫린 스테이시 켄트의 다홍색 CD 한 장. 감성을 기분 좋게 동요시키는 것들과 함께라면, 인생은 충분히 배부르고 따사롭다.

브랙퍼스트 온 더 모닝 트램 재즈 보컬리스트 스테이시 켄트의 음반. 켄트의 삶은 "뉴욕에서 비교문학을 전공한 문학도, 런던 최고의 재즈 싱어로 성공하다!"와 같은 요란한 헤드라인을 뽑기에 안성맞춤이다. 하지만 앨범을 듣다보면 그녀의 목소리에서 고단한 노력의 흔적이 묻어나는 걸 느낄 수 있다. 문학을 전공하고 음악에 뛰어든 이답게 자유분방함이 엿보인다. 런던에서 만나 부부의 연을 맺은 색소폰 주자 짐 톰린슨 역시 옥스퍼드대에서 정치, 경제, 철학을 공부한 엘리트 뮤지션이다. 두툼한 전공 서적에서 벗어나 선홍빛 카테일 같은 재즈의 세계로 망명한 부부의 음악은 완벽한 솔로와 조화로운 듀엣을 자유로이 오간다.

Just treat yourself to a cinnamon pancake

와서 시나몬 팬케이크 좀 들어요.

Very soon you'll forget your heartache

금세 상처를 잊게 될 거예요.

When you have breakfast on the morning tram

모닝 트램에서 아침을 먹는다면…

가즈오 이시구로, 남아 있는 나날 영화로도 만들어져 유명한 가즈오 이시구로의 소설. 평생을 달링턴 장원에서 충직한 집사로 일해 온 스티븐스. 그는 오래 전 자신과 함께 일했던 전직 하녀장 켄튼을 만나기 위해 여행을 떠난다. 스티븐스가 자신의 인생을 회고하는 형식을 띤 이야기 속에서 그와 켄튼은 서로를 향해 열정을 품지만, 그 불씨를 서둘러 잿더미 속에 파묻고, 그 결과 다시는 되살아나지 않는다는 것을 깨닫게 된다. 그의 여행은 헛된 걸까? 아니 그의 사랑과 인생은 덧없는 걸까? 하지만 나는 그가 인생을 낭비했다고 생각하지 않는다. 생각해보라. 인생을 견딘다는 게 얼마나 지루한 건지. 스티븐스는 욕망과 감정, 에고 등 인생에 도움이 되지 않는 부속품을 제거하고 성공적인 기계장치가 되는 데 헌신하느라 지루함을 몰랐을 뿐이다. 말년의 회한이란 결국 수명이 다한 기계가 오작동을 일으키는 게 아니던가.

아사에 이르는 다섯 가지 단계

바츨라프 광장은 내가 상상한 것만큼 광활한 장소는 아니었다. 하기야 뭐 최인훈의 『광장』에 나오는 삶의 부채꼴 광장은 좁아지다 좁아지다 못해 끝내 두 발바닥이 차지하는 넓이로 오므라들었다고 하니까, 그에 비하면 여기는 양반김이다. 눈앞에는 웅장한 국립 박물관이 버티고 서 있고 광장 양 옆으로 자본주의를 목 놓아 선전하는, 시끄러운 간판을 매단 상점들이 즐비하다. 중세시대의 말을 파는 시장 자리였다고 하는 바츨라프 광장은 '프라하의 봄'을 비롯하여 벨벳 혁명에 이르기까지 체코 민주화의 역사를 고스란히 겪어낸 곳이다. 프라하의 봄은 1968년 초부터 시작된 체코의 자유화 운동을 말하는데, 이로 인해 소련을 주축으로 하는 바르샤바 동맹이 체코를 침공하는 사태가 벌어졌다. 우여곡절 끝에 1989년 바츨라프 하벨이 집권하면서 마침내 체코의 사회주의 정권이 무너지게 된다. 평화적인 시민운동만으로 이러한 체제 전환을 이뤄냈다고 해서 이를 '벨벳 혁명'이라고 부른다.

각오했던 일이지만 어마어마한 역사의 아우라 따위는 전혀 느껴지지 않는다. 단지 나만의 조그만 상징적인 의미로 여기서부터 프라하 탐방을 시작하고 싶었을 뿐이다. 체코의 수호성인 성 바츨라프의 기마상과 프라하의 봄 당시 분신자살한 대학생 얀 팔라흐의 위령비가 세워져 있다. 대리석 앞에 꽃다발 하나가 얌전히 놓여 있다. 우리의 태일이 오빠 묘비에도 이렇게 단정한 꽃다발 하나 들고 찾아와주는 누이나 동생들이 있을까. 이 하찮은 동정 없는 세상을 위해 하나밖에 없는 목숨을 기꺼이 내준, 숱한 풀꽃 같은 사람들에게 속으로 고맙다고 인사했다. 내가 할 수 있는 일은 그뿐이다. 나는 그들의 확신을 공유하지 못하니까. 목숨이 아까워서 벌벌 떠는 나는 아무래도 안 되겠다. 야속하게 들릴 테지만, 얀 팔라흐 군. 당신 자신이 세상에 존재하지 않는데 역사니 자유니 그런 게 다 무엇일까요.

성 바츨라프와 체코 공화국의 초대 대통령 바츨라프 하벨은 이름이 같다. 광장에 세워진 기마상은 성 바츨라프를 형상화한 것이지만 이 광장은 명실 공히 두 명의 바츨라프를 위한 것이라 해도 과언이 아닐 듯싶다. 시인이자 극작가였던 사람이 초대 대통령을 지낸 나라. 왠지 체코답다. 그래서 작가 대통령이 뭐가 그렇게 달랐느냐고 묻는다면 또 할 말이 없다. 그래도 군인 출신 대통령보단 참신하지 않나? 아님 말고. 호스텔 근처만 해도 거리에 사람 하나 없어서 조금 외로운 기분이

들더니만, 스타레 메스토Staré Město에 들어오니 걱정도 팔자라는 것을 알게 되었다. 스타레 메스토는 올드 타운, 즉 구시가지를 말한다. 울긋불긋 일탈의 옷을 입은 관광객들이 여기저기 북적거린다. 사람 구경을 하고 싶어 하던 종전의 마음은 어디로 가고, 이젠 꼬물거리는 관광객의 존재가 짜증이 난다. 미안하지만 관광객은 사람이 아니다. 덩어리다. 물론 나도 다른 이의 눈에는 저렇게 목적을 상실한 피상적인 존재로 보일 것이다. 적나라한 자기 확인이다.

별로 높은 굽도 아닌데 벌써 발이 아프고, 국립 박물관 앞에서 찍은 사진은 온통 역광을 받아 제대로 나오지 않았고, 광장 앞에서 웅성대는 사람들 중에서 미국인만 골라 죄다 프라하 밖으로 내다버렸으면 좋겠고, 살살 아픈 배는 생리의 시작이 아닐까 의심되고, 너도나도 체코 춥다는 말에 카디건까지 들고 나왔는데 날씨는 또 왜 이렇게 더운 거야. 햇볕 정책으로 노벨상 하나 건졌으니 이제 그만 좀 하시지. 태양은 이글. 위산은 부글. 배가 고프니 노여움이 무한대로 발산한다. 나의 인격은 음식의 위장 점유율과 비례한다. 따져보니 오늘 커피 한 잔 말고는 들여보낸 것이 없다. 마침 비노 양이 조사해 온 레스토랑이 있다고 해서 일단 거기부터 찾아 나서기로 했다.

회심의 돼지족발 전문 레스토랑 겸 비어홀인 그곳의 이름은 우 베이보두U Vejvodů , 뜻은 모른다. 프라하에서 가장 오래된 축에 들어가는 유서 깊은 식당이라고 한다. 우 베이보두를 찾아내기까지 겪

우 베이보두 체코를 대표하는 맥주회사 필스너 우르켈에서 운영하는 대규모 펍. 1637년 문을 연 이곳은 400년에 가까운 역사를 자랑한다. 체코인이 사랑하는 맥주 필스너와 돼지족발, 바비큐 립 등 다양한 요리를 맛볼 수 있다. 그중에서도 일명 '체코식 족발'로 통하는 '콜레노'는 이곳에서 반드시 먹어야 할 음식이다. 돼지 무릎을 바비큐 방식으로 만드는 이 요리는 저렴한 가격에 하나를 시키면 셋이 충분히 먹고 남을 정도의 넉넉한 양을 자랑한다. 체코에서는 맥주를 '피보Pivo'라고 부른다는 것도 알아두면 좋다. 연중무휴. 팁은 필수.

은 역경을 생각하니 한숨부터 나온다. 내 그런 정성이라면 '절대 반지'를 찾아도 찾지 않았겠다. 문제는 정성은 뻗쳤는데 방법이 잘못됐다는 것이다. 한국에서 프린트해 온 지도는 전혀 맞지 않았고 누구를 잡고 물어보려고 해도 다들 한 방울의 시간조차 흘리고 싶지 않다는 듯 기겁을 하며 달아난다. 비노 양이 말하길, 대형 할인점 테스코Tesco를 등지고 앞에 골목으로 들어가면 찾기 쉽다는 얘기를 들은 적이 있다고 해서 일단 테스코부터 찾기로 했다.

우리의 레이더망에 어느 상점 벽에 등을 기대고 서서 책을 읽고 있는 잘생긴 청년 하나가 포착되었다. 잡티 하나 없는 하얀 피부, 굵고 낮은 목소리와 지적인 말투, 유창하다 못해 우아하기까지 한 영어, 완벽하게 테스코를 찾을 수 있는 정확한 정보 제시 능력! 역시 책을 읽는 사람은 뭐가 달라도 다르구나. 설사 그가 읽고 있던 책이 체코판 무협지였다고 해도 내 눈에 그는 영락없는 '프라하의 손석희 오빠'였다. 이제부터 길을 물어볼 땐 책을 읽고 있는 사람에게 물어보리라. 책에 몰두한 그의 반짝거리는 시간을 뺏는다는 것이 대단히 송구스러웠지만, 지금 주화입마走火入魔의 곤경에 빠진 우리를 구원할 사람은 그밖에 없다(주화입마란 몸속의 화기를 잘못 다루어 그것이 머리끝까지 치솟아 미치고 팔짝 뛰는 상황에 이른 것을 뜻하는 무협 용어이다).

지적인 오빠 덕분에 테스코는 쉽게 찾았으나 불행하게도 우리가 원하는 레스토랑은 눈에 띄지 않았다. 죽음에 이르는 다섯 단계가 있다고 했던가. 부인, 분노, 타협, 우울, 수용. 그것을 지금 내 상황에 적용해본다면 나는 아사餓死에 이르는 다섯 단계 중 이건 현실이 아닐 거라고 부인하는 단계를 지나, 주화입마에 빠져 미친 듯이 화를 내다가 이윽고 운명의 여신과 쇼부를 치는 단계에 들어간 것만 같다. 오, 신이시여! 지금 그 식당을 찾게 해주시면 저 정말 착하게 살게요. 굶주리는 지구의 절반을 위해 돼지족발도 조금만 뜯을게요. 먹는 것에 대한 집착이 있는 내가 이런 협상 조건을 제시한다는 건 보통 파격적인 게 아니다.

전쟁 세대도 아닌 나는 쌀밥과 고기에 대한 애정이 각별하다. 제이미 올리버나 마리오 바탈리 같은 사람이 주방에서 활약하는 모습을 볼 때면 그 화려한 테크닉에 넋이 빠져 거의 숭배하는 심정이 되곤 하지만, 사실 내가 원하는 것은 단순하다. 밥과 고기. 그거면 된다. 근데 어쩐지 이러한 취향은 남부끄럽다. 세상 살기 힘들어서 비틀거릴 때마다 내게 위안을 준 것이 한 주발의 밥이었다는 것(혹은 한 근의 목살이었다는 것!). 그 점이 부끄러운 것이다. 나의 태생적인 밥순이 근성과 우아함이라는 욕망 사이에 일어나는 괴리가 언제나 자아 분열의 원인이 된다. 쌀밥 냄새를 광적으로 좋아하는 사람이 주인공인 일본 B 무비 이야기를 읽은 적이 있다. 완전 동병상련이다. 그는 틈만 나면 전기밥솥 뚜껑을 열고 밥 냄새를 들이마신다. '틈만 나면'까지는 아니지만, 나 역시 그 흡족한 기분을 아주 잘 알고 있다. 그 냄새는 캐모마일 티처럼 영혼의 흉터를 어루만지고 화기를 가라앉힌다.

그런데 먹는 것에 대한 집착은 곧 삶에 대한 애착이 아닐까? 생각해보면 산다는 게 허기를 채우는 것과 다를 게 뭐냐 싶다. 여행을 하는 것도, 글을 쓰는 것도, 관계를 맺는 것도 결국은 서로 다른 종류의 허기를 채우는 일이 아니겠는가. 세계 각지의 공항에는 섭식장애자들이 우글거린다. 그들, 아니 우리들은 아무리 잘 먹어도 해결되지 않는 어떤 충동을 품고 있다. 때로는 그 뜨거운 충동 때문에 가슴이 터질 지경이다. 지구가 점점 더워지는 것은 이산화탄소가 아니라 그런 충동들 때문인지도 모른다. 그래도 지구를 떠날 수는 없으니까 제가 태어난 나라라도 떠날 궁리를 하는 것이다. 여행에 대한 갈망은 실질적인 의미의 장애이다. 어느 한 곳에서 돌아오기가 무섭게 또 다른 곳으로 배낭을 꾸리는 사람을 보면 그의 과식이 염려스럽다. 기름진 음식을 꾸역꾸역 밀어 넣는 그의 등을 묵직하게 어루만져주며 물 한 잔 권하고 싶기도 하다. 지금 나의 허기는 무엇에 대한 것일까. 정녕, 정녕… 돼지족발에 대한 것일까. 참말로 나는 그런 인간이란 말이냐.

테스코에서 거의 30분 동안 헤매다가 만신창이가 된 끝에 간신히 우 베이보두를 찾았다. 업은 아이를 3년 찾았다는 어이없는 사례가 어떻게 보고된 것인지 이제는 이해할 수 있다. 테스코 정문 앞에서 길을 건넌 다음 조금만 걸으면 작은 골목 사이로 간판이 보이는데 그 간판이 너무 작아서 몇 번이나 그냥 지나쳤던 것이다. 비노 양과 나는 이를 박박 갈다 못해, 한국에 가면 기필코 정확한 지도를 인터넷에 올리겠다고 굳은 다짐을 했건만, 집에 오고 나서 그런 착한 마음이 되살아났을 리

만무하다. 아마 모두들 그랬던 거겠지. 하지만 차라리 가만히 있으면 중간이나 갈 것을, 괜히 잘못된 정보를 올려서 여러 사람 골탕 먹이는 건 미필적 고의의 혐의가 짙다. 혹시 그런 사려 깊지 못한 행동을 하신 분이 있다면 한 30년쯤 깊이 사죄하는 마음으로 덕을 쌓으시길 바란다.

씁쓸한 꽃가루

　　너무나 다리가 아프고 기진맥진해서 의자에 앉자마자 흑맥주부터 주문했다. 슬프게도 바닥에 다리가 닿지 않는다. 인생이란 이런 거다. 허공에 걸린 짧은 다리를 대롱대롱 흔들며 기다리다가, 맥주가 나오자마자 숨도 쉬지 않고 들이켰다. 벌컥벌컥. 가뭄 만난 논바닥처럼 갈라져 있던 목구멍이 해갈을 한다. 옆 테이블에서는 쪼그만 여자애들이 맥주 마시는 게 신기하다는 듯 쳐다본다. 우리 미성년자 아니거든? 체코 흑맥주가 유명하다더니 과연 훌륭하다. 마트에서 사 먹는 스타우트하고는 차원이 다르다. 뭐라고 표현해야 할지 알 수 없지만 맛을 표현하는 데 있어 만병통치약인 '감칠맛'쯤으로 해두자.

　　텔레비전에서는 축구가 한창이다. 체코 국내 리그인 것 같았다. 세계 어디를 가나 축구 팬이 있고, 그들은 대개 몇 가지 공통점이 있다. 다혈질이라는 것, 뚜껑이 잘 열리고 술을 좋아한다는 것, 다소 파괴적인 성향이 있다는 것. 안타깝게도 나도 그런 부류이다. 품위하고 는 거리가 먼 타입이라는 얘기. 사실 나는 전술이니 그런 건 개뿔도 모 르고 오직 민족주의를 자극당하는 맛에 축구를 본다. 민족주의는 어설 픈 스포츠 광의 G 스팟과도 같은 것이다. 평소에는 개나 물어가라고 콧방귀를 뀌는 민족주의가 왜 축구라는 경기를 볼 때만큼은 약속이나 한 듯이 튀어나오는 것인지 영문을 모르겠다. 어쩌면 내가 정말로 좋아 하는 것은 축구가 아니라 아드레날린일지도 모르겠다. 순간 주위를 둘 러본다. 다행히 내가 있는 이곳에는 몰상식한 훌리건은 없는 듯하다. 훌리건들은 서로를 알아보는 법. 그들이 모이면 시너지 효과가 발생한 다. 나쁜 짓 같이 하며 정든 사이는 애비 에미도 못 말린다. 그런데 아 까부터 옆 테이블이 상당히 신경 쓰인다. 자꾸 우리를 보며 낄낄거리는 데 내가 보기엔 당신 대머리도 그렇게 쿨해 보이진 않거든? 대머리 아 저씨는 미국인으로 추정되고, 그의 맞은편에 앉은 꽃미남 청년은 유럽 인 같은데 이제 스물을 갓 넘겼을까 싶은 앳된 얼굴이다. 도저히 같이 다닐 것 같지 않은 한 쌍이다. 그런 이상한 커플 주제에 우리를 비웃다 니. 아유 저걸.

우 베이보두에 오면 반드시 먹어줘야 한다는 돼지족발 바비큐 콜레노koleno와 립, 이렇게 두 가지 음식을 주문했다. 사실 하나 만 시켜도 충분했는데 원래 우리가 통이 좀 크다. 콜레노는 정확히 말하 자면 돼지족발이라기보다 무릎 부위를 구운 것이다. 콜레노가 체코어로 '무릎'이다. 어쩐지 마음이 영 개운치 못하다. 물론 돼지 입장에서 자신의 발을 우적우적 먹는 건 괜찮고, 무릎은 좀 미안하다는 식의 태도는 심히 괘씸할 것이다. 그래도 무릎이라니. 사지 달린 동물에게 무릎은 가장 겸손한 부위가 아닌가. 더구나 사람을 제외하고는 무릎은 팔꿈치를 겸하는 셈이어서 가장 사색적인 부위기도 하다. 네 무릎이 잘린 채 엎드려 사색하는 돼지를 상상하니 좀 엽기적이다. 물론 고통은 사색의 깊이를 더해 준다는 효용가치가 있다. 내 무릎이 잘리고서도 이런 소리가 나올지는 모르겠지만. 음식이 나오기를 학수고대하며 흑맥주를 홀짝거리는데 옆 테이블에서 "망가" 어쩌구 하는 소리가 들려온다. 우리를 일본 사람으로 생각하고 일본 만화에 대한 이야기를 화제로 삼은 것 같다. 배울 만큼 배운 사람들이 사람 면전에서 앞담화를 하시다니. 마치 대인국에 온 걸리버 두 마리가 된 기분이다. 머리로 가야 할 털이 온통 팔뚝과 입 언저리에 집중된 이 털 많은 아저씨는 한 마디 한 마디를 할 때마다 허파꽈리 걸리는 웃음소리를 낸다. 자기가 말해 놓고도 그게 그렇게 우스워 죽겠다는 눈치다.

드디어 주문한 음식이 나왔다. 주변에서는 흑맥주 500cc만 시켜 놓고 대화하는 사람들이 대부분인데, 우리 테이블에는 증조할아버지 제사상처럼 한상이 떡 벌어졌다. 바비큐는 꼬챙이 틀에 끼워진 채로 서빙되었고, 따로 세 가지 종류의 소스가 더 나왔다. 립 역시 큰 접시에 하나 가득 채워 나왔다. 이 야만적인 바비큐가 등장하는 순간 홀에 있던 모든 손님의 시선이 우리 테이블로 집중되었다. 먹는 걸로 관심 끌어보긴 생전 처음이다. 바비큐는 생각보다 쉽게 잘라지지 않았다. 하지만 막상 씹으니 연하면서도 알맞게 쫀득거렸다. 립은 크긴 큰데 어떻게 된 게 들러리 서는 야채 하나 없이 고기 덩어리만 덩그러니 놓여 있다. 속을 헤집으니 그나마 양배추 다진 것들이 야채랍시고 명함을 내밀고 있다. 립은 실망스러웠지만, 바비큐와 흑맥주는 기특했다. 두 사람이 배터지게 먹고 10퍼센트 봉사료를 합쳐 600코루나 정도니 가격도 그럭저럭 저렴한 편이다.

이제 배도 든든하겠다, 저 옆 테이블의 시선을 해결해야겠다는 생각이 들었다. 어차피 우리 둘이 다 먹지도 못할 양이고, 자꾸 쳐다보는 것이 혹시 먹고 싶어서 아니겠느냐는 결론에 이르렀기 때문이다. 비노 양이 그중 만만한 대머리 아저씨에게 한번 먹어보겠냐고 말을 걸었다. 프라하에서 다 큰 어른들한테 "한 입 줄까?"라는 제안을 하게 될 줄은 상상도 못 했다. 하지만 멀쩡한 사내 둘이 눈에서 레이저 빔을 쏘면서 참 인정머리 없는 가시내들 다 보겠다는 듯이 쳐다보는데, 그 눈빛을 외면하면 사람이 아닐 것 같았다. 남 먹는 것 쳐다보는 게 세상에서 제일 추잡한 일이라는 사실을 망각할 정도였으면 얼마나 먹고 싶어서 그랬겠냐는 말이다. 넉살 좋은 올웨이즈 해피맨은 예상대로 1초도 고민하지 않고 손수 고기를 썰어 덥석 삼켰고, 어린 꽃미남은 약간 어색한 표정으로 정중하게 고기 한 점을 입에 넣었다. 대머리 아저씨는 배에 복수 찬 사람처럼 거대한 물결이 출렁이는 소리를 내며 껄껄 웃었다. 맛있는 건 알아가지고.

이렇게 안면을 튼 이상 가장 궁금했던 것을 물어보았다. 도대체 당신네 둘은 무슨 사연이 있어서 같이 다니는 거냐(너희 둘 참 안 어울린다는 말은 차마 할 수 없었다). 미국 아저씨는 괌에서 사업하다 온 사람이고, 꽃미남은 노르웨이 출신으로 둘이 같은 의과 대학에 다니고 있다고 한다. 체코에서 의과 대학을? 조금 의아했다. 사실 두 사람은 만난 지 일주일밖에 되지 않는 사이였다. 쉴 새 없이 떠드는 아저씨에 비해 노르웨이 꽃미남은 말이 별로 없었다. 친밀함을 가장할 수 없는 솔직한 성격인 것이다. 혹은 아직 살아온 세월이 많지 않아서 연륜의 선물인 뻔뻔스러움의 수혜자가 되지 못한 탓일지도 모른다. 그나저나 대머리 아저씨는 정말 말이 많다. 우리한테 물어보고 싶은 것이 그렇게 많은데 어떻게 참았나 모르겠다. 미국을 어떻게 생각하느냐, 한국인들은 미군더러 "집에 가라"고 시위한다던데 정말이냐, 대체 왜 그러는 거냐 등등. 여기에다 우리가 궁색한 대답을 내놓을 때마다 너털웃음을 토해내서 사람을 깜짝깜짝 놀라게 만드는 재주를 갖고 있었다. 이 아저씨랑 일주일만 같이 있으면 청각에 이상이 생기거나 심장 기능이 저하될 게 분명하다. 잘생긴 노르웨이 청년의 건강이 심히 염려되는 순간이 아닐 수 없었다. 해리포터에 나오는 골든 스니치 공에 달린 날개처럼 쉴 틈 없이 팔랑거리는 혀라고 할까? 경이로운 그 혀를 핀셋으로 꼭 집어주고 싶은 충동을 참느라 여간 고생한 게 아니다.

설익은 세계관으로 서로의 차이를 확인할 뿐인 대화도 곧 시들해졌다. 대화도 생식기처럼 윤활제가 필요하다…고 누가 그랬지? 아마 사드 아저씨일 것이다. 어차피 소통이 불가능한 사람들끼리 돼지 무릎살을 인연으로 지나치게 많은 이야기를 나누었나보다. 암튼 분명한 건 우리의 대화에 윤기를 반지르르하게 더해줄 공통의 관심사가 없다는 것. 무엇보다 나는 이유 없이 행복한 사람을 보면 알레르기 반응이 일어나는 스타일이다.

　　　　내게 행복은 본디 여집합이다. 감당해야 할 것들을 감당하고 견뎌야 할 것들을 견디고 났을 때 그제야 존재감을 얻는 것, 그래서 황송하기 짝이 없는 것. 그런데 어떤 사람에게는 그것이 그저 쉽기만 하다. 이상하게도 그들의 행복 꽃가루는 내 몸속에 행복을 전염시키는 대신 이물질이 되어 나를 가렵게 한다. 노르웨이 청년하고는 마음이 통할 것 같은 느낌이 들었다. 하지만 정작 그런 사람들은 말을 아끼고 자기 맘을 보여주지 않는다. 맘이 아니라면 몸이라도 보여주든가. 인생의 대부분을 잠으로 탕진하듯이, 깨어 있는 대부분의 시간을 원치 않는 사람들과 무의미한 대화를 하며 흘려보낸다. 그리고 나 스스로 그런 원치 않는 수다쟁이가 되어간다. 지금처럼….

과잉낭만주의보

"Panis angelicus fit panis hominum
Dat panis coelicus figuris terminum
O res mirabilis Manducat Dominum
Pauper pauper servus et humilis"

– 세자르 프랑크 〈Panis Angelicus〉

지독히 행복한 미국산 꽃가루는 '찰스 브리지Charles Bridge'가 정말 장관이니 꼭 가보라고 강력 추천했다. 아, 카를로프 모스트Karlův Most 말이군요. 우리가 몇 번이나 카를로프 모스트라고 말하는 것을 듣고서도 끝까지 찰스 브리지라고 말하는 이 아저씨. 이런 변이 있나. 최소한 절충적으로 카를 브리지라고 말하는 정도의 성의라도 보여야 하는 거 아닌가? 이건 아무리 바람 풍 바람 풍 해도, 바담 풍 바담 풍 하는 형국이다. 어쩌면 내가 괜히 까칠하게 구는 것일지도 모른다. 그들의 어법대로라면 프라하Praha도 프라그Prague가 된다. 댁의 그 대문짝만한 입안에 덕지덕지 앉은 그 누런 것 말인가요? 20세의 치아를 80세까지는 바라지도 않아요. 딱 20초만 침묵 속에 앉아 있을 수 있게 해주신다면 제가 80코루나 드릴게요. 그래 봬도 트램 1일권 한 장 값이랍니다. 은연중에 배어나오는 당신 나라 사람들의 자기중심적인 태도가 불편해요. 어쩌면 내가 괜히 까칠하게 구는 걸지도 몰라요. 그래요. 아마 그런 거겠죠.

　　이 증상은 파리에서부터 나타나기 시작했는데, 오다가다 만나는 관광객 중에서 유난히 미국 사람들이 주는 것 없이 밉고 꼴보기 싫었다. 내추럴 본 아메리칸들은 지나치게 사교적이고 시끄러운 편이라 조용히 익명성의 바다에 파묻히고 싶은 여행자에게는 거슬리는 존재일 수밖에 없다. 하지만 이렇게 말하는 나도 실은 할 말이 없다. 트램에 탔을 때부터 낯선 외계어를 생각 없이 저주했으니 말이다. 체코어는 엄연한 그들의 언어이고 그들은 자기 나라에서 자기네 말을 자유롭게 사용하고 표기할 권리가 있다. 얼마나 힘들게 얻어낸 독립이고 얼마나 진지하게 지켜낸 언어이던가. 관광객 주제에 영어로 표기를 해두지 않았다고 투덜거릴 권리는 없다. 사소한 불편과 타자로서의 지위를 참을 수 없다면『엄중히 감시받는 열차』에 나오는 맨 마지막 구절처럼 "집구석에 궁둥이나 붙이고 얌전히 앉아들 있을 일"이다.

　　구시가지 안에서는 걷는 재미가 쏠쏠하다. 차창 밖으로 내다보는 줌아웃 세상도 매력적이지만 걸으면서 줌인해 들어가는 세계는 모든 것이 더 크고 진하게 개인적으로 보인다. 평화롭고 즐거운 개입이다. 세계도 나의 간섭을 마다하지 않는다. 걷기 자체가 크고 작은 명상을 부르는 행위인데, 그중에서도 강변을 걷는 것은 달라이 라마를 대동하고 개인 교습을 받는 것쯤 된다. 내게는 이만큼 마음을 잔잔하게 해주는 것이 없다. 모든 도시에는 문화와 역사를 상징하는 강이 있다. 유유히 흐르는 강물은 현상적으로 시간을 은유하기에 더없이 안성맞춤이다. 성장의 찌꺼기를 삼키고 있는 한강, 키치적인 것들의 고향 소양강, 오르세 미술관 꼭대기에서 새의 눈으로 바라보았던 세느 강, 괴테의 노회함을 닮은 듯했던 로마의 테베레 강. 그리고 여기 프라하의 메이플 시럽 같은 블타바 강.

블타바 강에는 고풍스러운 다리들이 여러 개 있는데, 그 중에서 가장 유명한 곳은 카를로프 모스트이다. 이 다리를 건너면 카프카의 바로 그『성』, 프라하 성으로 가는 길이 나온다. 카를로프 모스트까지 걷는 길은 나무 한 그루조차 낭만적이고 발길에 채는 돌멩이들마저 자부심이 대단하다. 멀리 보이는 프라하 성의 화려한 야경과 꿀단지 속의 파리들처럼 쩍 달라붙어 강 주위를 걷고 있는 연인들. 너의 낭만은 나의 낭패로구나. 어둡고 침울해 보이던 프라하가 블타바 강 위에서는 꽃잎 난분분한 봄날이 따로 없다. 앞을 보지 못하는 두 여자가 키보드를 연주하면서 〈파니스 안젤리쿠스Panis Angelicus〉*를 부르고 있다. '생명의 양식'이라는 뜻을 지닌 제목처럼 듣기만 해도 배가 부른 천상의 멜로디다. 혹은 배가 부르기 때문에 음악이 들리는 것일까? 그렇다면 돼지 무릎에게 또 한번 감사를. 감상에 취한 여행자들의 지갑에서 동전들이 기어 나온다. 화폐가 이동하고 위로가 거래된다. 지금 이곳에는 낭만의 데시벨 수치가 너무 높다. 소원 비는 동상 앞에는 이탈리아인으로 추정되는 한 무리의 사람들이 쾌활한 민족성을 과시하는 중이고, 다리 위 여기

세자르 프랑크, Pains Angelicus 구 소련 라트비아 공화국 출신의 소프라노 이네사 갈란테가 부른 버전이 좋다. 한국에서는 '생명의 양식'으로 불리는 이 성가의 가사를 풀이하면 다음과 같다. "천사의 양식은 우리 양식 되고 천상의 양식을 우리에게 주시네. 오묘한 신비여, 가난한 주의 종. 주님 모신 이 큰 감격." 굳이 종교적인 의미를 말하지 않더라도 맛있는 빵으로 배가 빵빵하게 불러오듯 마음도 따뜻하게 부풀어 오르는 느낌이다. 갈란테의 데뷔 앨범 〈데뷔Debut〉에는 카치니의 〈아베마리아〉를 비롯해 주옥같은 곡들이 그득하다. 그녀의 아름다운 성가를 듣노라면 내 안에 없던 신앙심이 불끈 솟아오를 정도다.

저기서 자유민주주의적으로 연주되는 생음악들은 나름대로 묘한 불협화음을 만들어내고 있다. 키스하는 남녀 옆을 지나갈 때는 5도쯤 온도가 상승된 주변 공기가 너무 뜨거워 나도 모르게 한숨을 쉬었다.

다리 중간까지 걸어왔을 무렵 한 재즈 밴드가 연주 준비를 하는 모습이 보였다. 사람들이 그 앞으로 모여들고 있다. 어쩐지 제대로 된 음악을 들려줄 것 같은 분위기다. 맛보기로 멜로디가 익숙하게 느껴지는 경쾌한 스윙 재즈 한 곡이 연주된다. 막내로 보이는 연주자가 일어나 모자를 돌린다. 사람들의 지갑이 좀처럼 열리지 않는다. 다들 좀 더 극적으로 쾌척할 순간을 노리고 있다. 밴드의 리더는 노련하다. 이번에는 약간 끈적한 블루스 음악이다. 흥에 겨운 노부부가 복판으로 나와 춤을 추기 시작한다. 머리가 희끗희끗한 부부는 전 세계 관광객들 앞에서 몸으로 웅변한다. 우리는 인생을 착실하게 살아왔노라고, 그래서 이렇게 즐길 권리가 있는 것이라고. 이 부부는 저녁 식탁에서 한 마디 대화도 나누지 않고 묵묵히 밥을 먹는다거나, 상대의 메마른 살을 살뜰히 보듬어주는 대신 고양이털만 빗기며 살지는 않을 것이다. 낯선 공간에서 즉흥적으로 춤을 출 수 있을 만큼의 친밀감을 공유한 그들 부부에게 부러움의 시선이 쏟아진다. 단순하지만 성취하기 어려운 그러한 인생에 말없는 찬사가 쏟아진다. 파트너가 슬쩍 발을 밟아도, 어눌하게 스텝이 꼬여도 웃을 수 있는 여유가 엿보인다. 노부부의 뒤를 이어 선뜻 나서는 사람은 없지만, 모두들 발바닥을 까딱 까딱하며 리듬을 즐기고 있다.

다리를 다 건너오니 노숙자 한 명이 단잠을 즐기고 있다. 오, 구걸하는 자의 당당함이여, 네가 내 모자에 돈을 넣지 않을 권리는 있지만 날 비판할 권리는 없어, 라고 말하는 것만 같다. 그의 들락날락하는 숨이 어찌나 깊고 만족스러운지 일종의 경외심이 우러나온다. 길고 더러운 수염 사이로 한번씩 숨이 들어가고 나올 때마다 지옥문이 들썩거리는 것처럼 공기가 요동을 친다. 잠자는 사자의 코털처럼 위협적으로 휘날리는 회색 터럭들. 그리고 사이사이에 말라붙은 음식 찌꺼기와 코딱지. 나는 아저씨가 깰 새라 조심조심 옆에 쭈그리고 앉아 같이 사진을 찍었다. 고개를 돌려 다리 위의 사람들을 건너다보니, 과잉된 낭만과 떠들썩한 축제의 기운이 너무나 비현실적으로 느껴진다. 차라리 더러운 노숙자 아저씨 옆에서, 나는 안도한다. 깨끗하다는 건 얼마나 따분한 일이냐. 그것은 예정된 수순을 따를 뿐이다. 깨끗이 샤워한 몸에 깨끗한 잠옷을 걸치고 나면, 그 다음엔 잠자리에 드는 일만이 남는 것이다. 더러울 수 있는 당신의 자유를 존경해요.

말로스트란스케 나메스티에서 12번 트램을 탔다. 12번 트램은 블타바 강변을 훑으며 북쪽으로 올라간다. 북쪽에 우리가 묵는 서 토비 호스텔이 있다. 이제는 나메스티가 광장인 것도 알겠고, 모스트가 다리인 것도 알겠고, 트램 타는 것도 식은 죽 먹기고, 프라하에서 생존하기 위해 필요한 모든 기술을 터득한 것 같아 으쓱으쓱 기고만장이다. 늦은 밤인데 평소의 소심증과 달리 겁도 안 난다. 트램 안에 있는 사람들은 5명 정도. 건너편에 앉은 남자가 자꾸 우리를 쳐다본다. 내 나이

또래의 유럽 관광객으로 보이는 그 애는 아까 광장에서 "Hey, girls. Want some help?"라며 말을 걸었던 녀석이다. 난 열심히 지도 보고 있을 때 누가 도와주려고 하면 맘 상한다. 더구나 프라하의 모든 것을 알게된 우리에게 감히 도움을 제안하다니, 건방진 중생이로다. 돼지같이 샌드위치를 우적거리며 "헤이" 어쩌고 하는 모습이 너무 바보 같아서 단호하게 거절했다. 어딘가 나사 빠진 표정을 하고 있는 청년이다.

그는 우리처럼 유스호스텔로 돌아가는 중인 것 같았다. 같은 정류장에 내린 걸 보면, 그 역시 서 토비 호스텔에 묵고 있는지도 몰랐다. 시원한 흑맥주를 주거니 받거니 하며 생긴 건 훤칠한 사내자식의 나사가 언제 어떻게 분실된 것인지 알아보고 싶다는 생각이 퍼뜩 머리를 스쳤다. 그렇지만 우리랑 반대 방향으로 걷기 시작하는 것을 보니 같은 유스호스텔은 아닌 모양이다. 하긴 피곤한데 무슨 흑맥주 타령이냐. 얼른 발 닦고 자는 게 수라고 생각하며 걸음을 재촉하려는데… 이 녀석, 또 "헤이!" 하며 우리를 불러 세운다. "혹시 여기가 어딘지 아니?" 오오, 그 실력으로 아까 우리를 돕겠다는 거였구나. 나는 녀석의 몰락을 기다리기라도 했던 사람처럼 순간 옹졸한 승리감에 도취되었다. 그리고 한껏 거들먹거리며 불쌍한 어린 양을 외양간으로 인도해주었다.

석탄통에 걸터앉은 단식광대

파리에서부터 내 스케줄러는 피임약이었다. 알약이 하나씩 줄어들 때마다 유럽에서 지낼 날이 며칠이나 남았는지 헤아렸다. 수능시험 볼 때도 생리를 미루지 않아서 죽을 썼었는데, 지금은 두브로브니크의 바다에서 물장구 좀 치겠다는 일념으로 현대의학 불신론자인 내가 피임약을 다 먹고 있다. 근데 막상 경험해보니까 차라리 생리를 하고 말지 이 짓은 다시 하고 싶지 않은 기분이다. 일단 매일 제때 시간을 맞춰 먹기가 쉽지 않고 피만 안 나온다 뿐이지 생리할 때처럼 아랫배가 뭉근해지면서 우중충한 기분은 거의 똑같다. 가뜩이나 민감한 성격이 여행 중에는 숫제 송곳이 되어 버린다. 그것은 때로 주위 사람을 찌르는 흉기가 된다. 혹자는 여행을 가리켜 아예 병적인 상태라고까지 하더라. 그런 마당에 시시때때로 아랫배의 저릿한 감각을 느끼면서 자궁의 존재를 내내 의식하며 다니는 기분은 엿 같을 수밖에 없다.

몇 십 년 동안 달마다 이런 식으로 살고 나서 마침내 해방이다 싶으면 그 다음부터는 죽을 날만 기다리는 신세가 되는 거다. 노예도 이런 노예가 없다. 젊음의 대가치고는 너무 가혹하다. 아마 내가 지옥 같은 생리통을 모르는 사람이었다면 나는 전혀 다른 종류의 사람이 되었을 것이다. 좀 더 활동적인 직업을 택했을지도 모를 일이고 카프카나 록 음악에 관심이 없었을지도 모른다. 터프려야 할 것이 아무것도 없는 납작하고 단순한 사람이 되었을 것이다. 우리에게 일어난 일이 우리 자신을 결정한다. 그나마 히틀러 시대의 유대인으로 태어나지 않은 걸 감사해야 하나. 에잇! 엿 같아라.

프라하는 큰 도시가 아니다. 어떤 여행 안내서들은 달랑 하루 코스로 속성 프라하 마스터 기법을 알려주기도 한다. 하지만 프라하 골목길 산책에 맛을 들이면 하루가 그저 짧기만 하다. 쪽방 하나 얻어 한 1년쯤 불법체류자로 살고 싶어진다. 관광명소에서 멀어지면 멀어질수록 프라하는 맵고 독해진다. 열아홉 살 카프카가 "프라하는… 이 작은 어머니는 맹수의 발톱을 가지고 있다"고 한 말이 무슨 뜻인지 얼핏 알 것 같기도 하다. 프라하는 고독을 강요한다. 그런데 그 고독이 짭조름하니 맛있다. 안주가 없어도 술맛이 난다. 카프카처럼 여기저기 배회하다보면 "머릿속에 들어 있는 끔찍한 세계"가 정리된다. 카프카는 산책에서 돌아오자마자 그 세계를 단숨에 글로 옮겼고 우리는 호스텔에 돌아오자마자 루드밀라Ludmila를 땄다. 루드밀라는 체코산 화이트 와인인데 양도 많고 꼭 백세주처럼 한약재 맛이 난다. 방법은 다르지만

루드밀라 체코에 본격적으로 와인 농사가 시작된 건 9세기 중반 무렵. 당시 체코의 초기국가였던 대모라비아 공국의 공 보리보이Borivoj가 875년 자신을 이을 아들의 생일에 모라비아 주민들로부터 와인을 선물 받았다는 사실이 기록되어 있다. 그의 부인 루드밀라가 프라하 북쪽에 자신의 포도원을 건설하면서 '루드밀라' 와인이 생산되었다. 이후, 체코의 와인농장은 하나의 산업으로 발전하기 시작했고, 급속한 성장을 거쳐 14세기 카렐 4세 시절에는 전성기를 구가했다. 카렐 4세는 프랑스 부르고뉴 지역에서 새 품종의 포도를 들여왔고, 1358년에는 와인을 관리하는 관청을 따로 설립해 와인 관련 법령을 정비하는 등 와인에 각별한 관심을 보였다.

하나의 세계를 휘발시키고 다시 정화된 머리를 갖게 된다는 점에서 우리는 카프카적이었다.

하루 종일 발바닥이 부르트도록 구시가지 안을 쏘다녔다. 구시가지의 관문이라는 화약탑에서 출발하여 널찍한 구시가지 광장으로 이동하고 틴 성당과 킨스키 궁전을 둘러보고 기념품 가게를 어슬렁거리고 매시 정각마다 천문 시계에서 벌어지는 대수롭잖은 의식도 구경했다. 하지만 나는 사람 많은 대로변보다 누가 각혈을 해도 아무도 모를 것 같은 적적한 골목길이 더 좋았다. 때로는 막다른 골목도 무방하다. 골목은 세상으로부터의 이지메가 아니라 배려이다. 너만의 시간을 도려내 호주머니에 넣어도 좋다는 배려. 우선 카프카가 태어난 집이라든가 카프카가 사색을 즐겼다는 옛 유대인 묘지에 찾아가 보겠다는 식으로, 전혀 절실하지 않은 목표 하나를 세운다. 목표는 달성해도 그만, 못 해도 그만이다. 누가 칼 들고 쫓아오지 않는다. 그래도 어쨌든 그렇게 정한다. 그리고 걷는다. 어수룩한 표정으로 지도를 보며 고개를 갸웃거리기도 하고, 그런 자신이 귀엽다고 생각하면서 사뿐사뿐 걷는다. 지도에 나온 것과 같은 거리 이름을 발견하면 몹시 기뻐하고 신기해한다. 평범한 나무를 연인처럼 그윽하게 바라보거나 생활의 냄새가 나는 현지 사람과 마주치면 보일 듯 말 듯 슬쩍 손을 흔들어 보기도 한다.

카프카가 태어난 집은 후미진 골목이 아니라 구시가지 광장 큰 길가에 있었는데도 전혀 가정집처럼 보이지 않아서 쉽게 찾지 못했다. 지금은 그냥 상점 건물이 되어버렸고, 1층 한 귀퉁이에 박물관도 아니고 기념품 상점도 아닌 신분이 모호한 공간이 자리 잡고 있다. 이곳에는 카프카에 대한 자료와 사진, 그의 조각상, 소지품 등이 전시되어 있다. 카프카의 생애와 작품 세계에 대해 해설하는 비디오도 상영해준다. 우리는 열심히 비디오를 보는 척하며 의자에 앉아 딴딴해진 종아리를 주물렀다. 내친 김에 프라하 성 근처의 황금소로Zlatá Ulička 찾아가는 길을 물었더니 직원은 아무 말 없이 팸플릿 한 장을 보여준다. 황금소로에도 카프카가 살았던 집이 있단다. 영어로 된 설명을 조금 읽다가 한 부 가져가도 되겠냐고 하니까 그녀는 또 말없이 주섬주섬 사라진다. 그리고 아까 그 팸플릿을 복사한 종이를 들고 나타나 50코루나라고 선언한다. 여기 입장료가 40코루나였는데 무슨 놈의 복사지 한 장이 비싸기도 하다. 이런 결과를 원하지 않았지만 기왕 복사해온 것을 무르라고 할 수도 없고 해서 떨떠름하게 받아들였다. 검은 부분은 손에 잉크가 묻어날 정도로 시커멓고 하얀 부분은 너무 하얘서 글씨가 잘 보이지도 않는다. 극단적인 흑과 백의 어울림이 꼭 방사능에 노출된 장기의 엑스레이 사진을 보는 것 같다.

별다른 준비 없이 프라하에 온 나였지만 그래도 어찌어찌 하다보니 카프카의 흔적을 꽤 많이 따라다녔다. 특별한 목적이 없다면 카프카를 테마로 삼아 프라하 여행을 하는 것도 괜찮은 방법이다. 머리털 나고 소설 한 권 안 읽어 본 사람도 상관없다. 프라하에서 나고 자라 평생 이 도시를 거의 떠나지 않은 카프카는 도시 곳곳에 자신의 흔적

황금소로 원래는 프라하 성을 지키는 병사들의 막사로 사용하기 위해 건설되었다가 16세기 후반 연금술사들이 모여 살면서 '황금소로'라고 불리기 시작했다. 프라하 성 입구를 지나면 좁은 골목길이 나오는데, 이 골목길이 황금소로다. 황금소로가 유명해진 건 바로 카프카 때문이다. 카프카는 1916년 11월부터 다음해 5월까지 여동생이 마련해준 황금소로 22번지 파란 집에서 매일 글을 쓰고 밤이 깊은 후 하숙집으로 돌아가곤 했다. 이 집을 가본 사람이라면 알겠지만 집은 머리를 숙이고 들어가야 할 정도로 조그맣다. 지금 이곳에서는 카프카의 작품과 엽서 등을 판매하고 있다.

을 남겼기 때문에 그의 자취를 따라가다보면 자연히 아주 알차게 프라하 여행을 하는 셈이 된다. 클라우스 바겐바흐의 『카프카의 프라하』는 건조한 듯하면서도 문학적인 품위를 견지하는 서술 태도가 대단히 매력적이다. 이 책은 카프카의 간략한 전기인 동시에 정중한 평전이고, 프라하 가이드북으로서도 손색없는 실용성까지 갖추었다. 바겐바흐는 카프카를 가리켜 열광적인 산책가, 도시의 인디언이라고 말했다. 보후밀 흐라발의 표현을 빌려 한 마디를 보태도 된다면, 나는 그를 '우수에 찬 점박이 하이에나'라고 부르고 싶다.

이와 더불어 감수성 풍부한 독자가 실비 제르맹의 『프라하 거리에서 울고 다니는 여자』를 읽고 프라하를 본다면 아마 도시 전체가 하나의 시처럼 보일 것이다. 그녀가 묘사한 해진 옷 주름 사이사이에 눈물처럼 역사의 상처를 품고 다니는 거인 여자를 실제로 만날 수 있을 것이다. 그것은 착시가 아니라 이 도시에 대한 존경에서 비롯된 공감일 것이다. 처음에 나는 도시를 덮은 거대한 울기의 담요가 갑갑했다. 프라하에서는 이상하게 몸도 마음도 많이 무거웠다. 그런데 실비 제르맹의 책을 읽고 나서는 어두운 역사로 직조한 낡은 담요가 울 100퍼센트 직물처럼 따뜻하게 느껴졌다. 딱히 줄거리도 없고 온통 고독과 한숨에 대한 이야기일 뿐이지만, 이 책은 아름답고 진실하다.

카프카의 글을 읽어보는 것도 좋다. 내가 제일 좋아하는 작품은 「석탄통에 걸터앉아 The Bucket Rider」와 「단식광대 A Hunger

클라우스 바겐바흐, 카프카의 프라하 이 기특한 빨간 책은 형사 콜롬보처럼 카프카의 뒤를 바짝 뒤쫓는다. 카프카가 살았던 집들과 자주 갔던 식당과 서점, 틈만 나면 거닐었던 산책로 등 프라하에서 카프카의 흔적을 찾을 수 있는 곳을 단 한 곳도 놓치지 않았다. 카프카는 글을 쓰는 방식도 산책가다웠다. 그는 글을 쓰기 전 메모나 초고를 글로 작성하지 않았다. 그저 오랫동안 머릿속으로 준비했다고 한다. "조금만 글을 써도 마음이 차분해지는 건 의심의 여지가 없으며 참으로 불가사의하다. 내가 어제 산보하면서 전체를 보았던 관점!"이라는 기록을 자신의 일기에 남기기도 했다.

Artist」, 두 편이다. 일단 짧기 때문에 언제든 거듭 읽을 수 있어서 좋아하고, 그 다음에는 행간마다 슬픔이 비비적대는 문장들이 마음을 할퀴어서 좋아한다. 슬픔의 끈질긴 점성은 도리 없이 매혹적이다. 웃음도 뛰어난 미학이지만 안타깝게도 찰나적이다. 오래 가는 것은 슬픔이다. 슬픔에 흠씬 젖었을 때 나는 인생 앞에 고분고분해진다. 땔감을 구걸하기 위해 텅 빈 석탄통에 올라타고 석탄 장수를 찾아가는 가난한 사람, 그리고 욕망을 충족시킬 방법을 도저히 찾을 수 없어서 불가피하게 단식을 해야 했던 불운한 예술가. 모두 지극한 존재의 슬픔이 덕지덕지 들러붙은 인물들이다. 그들은 어둡고 축축한 갱도 같은 세계로 추방되었고 친구라곤 아득한 외로움뿐이다.

　　　'석탄통에 걸터앉아'는 흔히 '양동이 기사'라는 제목으로 번역되어 있는데, 나는 전자의 제목이 더 마음에 든다. 이 번역은 실비 제르맹의 책에서 가져온 것이다. 그러니 아마도 그 책의 역자인 김화영 선생님의 솜씨일 것이다. 나는 이렇게 품사를 초월하고 (문장의 경우에는) 구조를 해체하는 번역을 좋아한다. 원문을 기계적으로 처리할 소스가 아니라 해석해야 할 텍스트로 보는 태도를 좋아한다. 원뜻을 파괴하지 않는 기본을 지키되, 번역자의 개성이 드러나고 시적인 깊이까지 더해지는 번역이 훌륭하다고 생각한다. 나 또한 번역가라는 직업을 가지고 살아가는 사람이다. 번역은 고되고 피 말리는 자기와의 싸움이다. 살인적인 노동량에 시달리면서도 아직까지는 지긋지긋한 마음보다 기대감과 애틋함이 더 크다. 새로운 일감이 수중에 들어오면 미친 사람처

실비 제르맹, 프라하 거리에서 울고 다니는 여자　독특하다. 역사의 탄식과 모든 인간의 눈물을 제 안에 다 머금어 몸이 불어나버린 거인 여자. 이런 그녀가 "떠돌이가 빈집으로, 버려진 정원으로 들어서듯" 책 속에 들어와 가는 길마다 잉크 자국을 남기며 돌아다닌다. 커다란 몸집, 오른쪽 다리보다 훨씬 짧은 왼쪽 다리로 인해 심하게 절뚝거리면서, 몹시 부기운 듯 힘거운 몸짓으로 발을 들었다가 내려놓으면서 말이다. 게다가 거리를 헤매며 울고 있다. 그런데 그녀의 눈물은 자신의 상처 때문이 아니다. 세상 모든 사람의 상처를 대신 아파하며 그 몫의 눈물을 흘리기 때문이다. 그녀는 발자국이 남긴 잉크 흔적이 사라짐과 동시에 다시 책 밖으로 나간다. 실비 제르맹은 오직 여성만이 할 수 있는 방식으로 시간의 오류와 살아 있음의 비애를 표현했다.

럼 훠어이 훠어이 제 발로 조그마한 독방에 기어들어간다. 카프카에게 각혈이 그랬듯이, 이러한 자발적 감금은 "마음을 홀가분하게 하는" 구석이 있다. 언젠가 프리즌 브레이크할 날이 분명히 온다는 것을 알기 때문에 이것은 짜릿한 담금질이다. 하지만 카프카는 탈옥에 성공하지 못한다. 카프카는 "몇 년 동안의 두서없는 생활과 수면 부족이 야기한 질병"인 폐결핵에 걸리게 되고, 끝내 애증의 대상이었던 프라하를 떠나지 못하고 죽었다. 그에게는 삶이 "감탄과 두려움의 대상"이었다. 삶에 감탄하기만 하는 사람은 아둔하고, 삶을 두려워하기만 하는 사람은 우울하다. 카프카의 삶은 짧고 국지적이었지만 그 어느 인생보다 강렬했다. 나는 그런 삶을 흠모한다.

프란츠 카프카, 석탄통에 걸터앉아 석탄이 몹시 귀했던 제2차 세계대전 당시 프라하를 배경으로 만들어졌다. 카프카의 작품 중 현실을 가장 직설적으로 반영한 작품으로 평가받고 있다.

프란츠 카프카, 단식광대 서커스단에서 관객들에게 단식 기록을 보여주는 광대를 그린 작품. 최장 살이 처진 우리 안에서 단식을 시작하자 관객들이 벌떼처럼 모여든다. 광대의 금식이 하루하루 연장될 때마다 도시는 광대에 관한 얘기로 떠들썩하다. 당연히 서커스단장은 떼돈을 번다. 하지만 하루하루 시간이 지나가자 단식하는 광대를 향한 관심은 시들해져만 간다. 그래도 광대는 외로이 단식을 계속한다. 그는 어느 누구도 관심을 갖지 않고, 심지어 자신마저도 단식하고 있음을 잊은 후에도 단식을 계속한다. 광대는 왜 단식을 계속해야 했을까? 혹시 광대가 예술가는 아니었을까. 그렇다면 그의 단식은 예술이라는 행위를 상징한 게 아닌가. 광대는 자신을 위해 단식했다. 그의 예술이 완성되는 순간은 그의 존재가 사라지는 바로 그 순간이다.

마음만 받겠습니다

"그것은 거세한 환관들이 꼭꼭 숨기는 그 비밀처럼
매력적인 동시에 거부감을 불러 일으켰다."

– 오르한 파묵 「검은 책」

옛 유대인 묘지 근처에서 트램을 타고 프라하 성 으로
출발했다. 동화 속 마을처럼 아기자기한 집들이 모여 있다는 황금소로
와 그중에서도 카프카가 살았던 집이 궁금하다. 이 작은 길은 17세기에
금세공인들이 살았다고 해서 황금소로라고 부른다. 당시 유럽에는 이
골목길에 돌멩이를 금덩이로 바꾸는 신묘한 연금술사들이 살고 있다는
소문이 돌았는데 그런 연유로 연금술사의 골목이라고도 한다. 바겐바
흐의 책에 보면 카프카는 이 동네 생활이 썩 마음에 들었던 모양이다.

카프카는 1916년 연금술사의 골목 22번지에서 중세풍의 작은
집을 발견한다. "처음에는 부족한 게 많았다… 지금은 모든 게
원하는 대로다. 무엇보다도 아름다운 오르막길, 정적, 나와
이웃사람을 얇은 벽 하나가 가로막고 있을 뿐이지만 이웃은 아주

프라하 성 카프카는 프라하 성에서 보더라는 일이 '성 을 썼다. 프라하 성은 카를교에서 말라스
트라나 광장을 지나 10분쯤 참비탈 길을 오르면 된다. 이곳에 대통령궁과 성 비투스 대성당, 황금
소로 등 관광명소가 집결되어 있다. 카프카는 자신의 고향이자 문학적 고뇌가 스며 있는 프라하를
'어머니'로 불렀다. 프라하에는 그의 이름을 딴 '카프카 거리'가 있다.

81

조용하다. 나는 저녁식사를 가지고 올라가서 대부분 한밤중까지 그곳에 머무른다." 이 집에서 카프카의 가장 아름다운 글들이 탄생했다.

지도상으로는 황금소로가 프라하 성 아래 있지만 비노 양은 성 안에 들어가고 싶어 했다. 그래서 트램을 타고 언덕 위로 올라갔다가 내려올 때는 성을 통해 걸어 내려오기로 했다. 올라가다보니 고도가 꽤 높다. 이렇게 무작정 올라갔다가 내려올 때 죽도록 고생하는 건 아닌지 벌써부터 걱정이 된다. 슬슬 빈혈기가 느껴지고 장딴지도 뻑뻑하다. 해가 지면 몸에 변화가 일어나는 늑대인간처럼 해질 무렵이 가까워질수록 나태한 세포들이 불만을 토로한다. 트램에서 내려 조금 걸어가니 성 안으로 들어가는 입구가 나온다. 입구 양쪽에 파란색 제복을 입은 근위병 두 사람이 서 있을 뿐 생쥐 한 마리도 지나다니지 않는다.

카프카의 장편소설 『성』의 주인공 측량기사 K는 성을 앞에 두고도 영원히 안으로 들어가지 못할 운명이었다. 한편 Y는 활짝 열린 저 성문 안으로 들어가고 싶지 않다. 아니 여기가 정문이 맞는지, 성에 제대로 찾아오긴 한 것인지조차 확실하지 않다. 인기척 하나 없는 깊숙한 내부는 미심쩍은 아가리를 벌리고 있다. 그렇지만 이제 달리 방법이 없다. K처럼 고독한 국외자가 되어 성 주위를 배회할 수만도 없는 노릇이다. 일단은 다리가 아파서 길바닥에 철퍼덕 주저앉았다. 비노 양은 용감하게 입구 쪽으로 정찰을 나섰다. Y는 침팬지마냥 두 손으로 울

프란츠 카프카, 성城 프란츠 카프카의 미완성 유작 소설. 눈 덮인 산골 마을에 K라는 측량사 한 명이 부임해 온다. 하지만 성 안에 들어가기는커녕 성과 관련된 어떤 인물도 만나지 못한다. 그에게 배타적인 마을 사람들은 그가 성과 관련된 이야기를 하면 두려워하는 모습을 보인다. 결국 K는 소설이 끝날 때까지 측량사로서의 임무를 수행하지 못한다. 인간이란 평생 자신의 성 주위를 맴도는 존재다. 성에 들어가려는 시도는 언제나 실패하게 되어 있다. 결국 K는 성에 들어가려는 시도를 중지하고 마을에 정착한다. 성 아래 자리한 마을의 삶에 동화될 것이다. 어차피 삶이란 그런 것이다. K처럼 순응하거나 혹은 영원히 불가능한 시도를 반복하며 욕망을 추구하거나. 물론 대부분의 사람들은 사회의 온순한 '가축'으로 살아가겠지만 말이다. K처럼….

타리를 부여잡고 창살 사이로 성 아래를 내려다본다. 아름답다. 하지만 그 미학적인 판단이 Y를 고무시키지는 않는다. 어떤 철학자는 '아름답다'라는 술어조차도 자연미를 손상시킨다고 말했다. 상투적인 술어를 피하자면 동어반복밖에 길이 없다. 자연은 자연이다. 성은 성이다. 밍밍하다. 진부한 술어들이 머릿속에 떠돌아다닌다. 성이 분노한다. 내가 너에게 주는 것은 좋은 것이다. 따지지 말고 즐겨라! 근데 가끔은 아무리 좋은 것도 마음만 받고 싶을 때가 있는 거다. 블타바 강변에서 멀리 보이는 프라하 성의 야경을 감상하는 것만으로도 충분히 좋았다. 그때의 성은 바삐 구경하고 즐겨야 할 볼거리들로 가득 찬 유물의 곳간이 아니라, 그저 동화 속에나 나올 것 같은 아늑하고 평화로운 나라처럼 보였다. 그 나라에 다다를 수 없어도 슬프지 않을 것 같았다.

갑자기 웅성거리는 소리가 들리면서 넥타이를 맨 미국인 아저씨들이 몰려온다. 회사에서 단체 연수라도 나왔나. 중산층 샐러리맨 특유의 쾌활함과 단순한 열정이 넘쳐흐른다. 신경 안 쓰고 주저앉은 채로 딴 생각을 하고 있는데, 비노 양이 로제 와인처럼 분홍빛이 된 얼굴로 달려온다. "우리 얼른 딴 데로 가자." 무슨 사고를 쳤냐고 물어도 고개만 절레절레 저으며 좀처럼 말을 안 한다. 넥타이 부대는 저들끼리 낄낄거리고 난리가 났다. 아무래도 우리를 보고 웃는 것 같았다. 자초지종을 듣고보니 별일도 아닌데 저렇게들 오두방정이다. 멀쩡한 남자들도 고만고만한 무리 속에 섞여 있으면 창고 세일에 나온 물건처럼 질이 확 떨어져 보인다. 비노 양이 입구에 서 있는 근위병에게 길을 물었단다. 물론 하루 종일 부동자세로 서 있어야 하는 근엄한 근위병이 대답을 했을 리 만무하다. 집념의 비노 양은 못 들었나 싶어서 좀 더 큰 소리로 대화를 시도했는데 그 모습이 경망스러운 사내들의 눈에 포착된 것이다. "Is she asking him? She must be kidding. Puhahahaha~" 뭐 그렇게 된 거다. 영문을 모르고 당황스러워 하는 비노 양에게 그중 또 다른 남자가 한 마디 거들었다. "He's not allowed to talk."

　　　　　　때리는 시어미보다 말리는 시누이가 밉다더니, 근위병보다 그 남자가 더 웃기다. 얼라우는 무슨 얼어 죽을 얼라우! 세상에 안 되는 게 어디 있어! 사람이 유도리가 있어야지. 이상하게 조금이라도 권위의 냄새가 풍기는 말을 들으면 주체할 수 없이 까칠해진다. 생각해보면 전 세계에서 프라하 성을 찾아오는 관광객이 한두 명도 아니고, 그중에는 별별 사람이 다 있을 것이다. 아이들은 허물없이 옷자락을 잡아당기기도 할 테고 후끈한 처자들은 대담하게 윙크를 날릴지도 모른다. 우리처럼 순진하게 길을 물어보는 사람도 분명 있을 것이다. 근위병은 말을 하지 못하도록 규정된 것이 아니라, 그의 임무의 단조로움이 저절로 혀를 굳게 만든 것은 아닐까. 저 괘씸하고 무력한 혀를 끄집어내어 허연 설태를 긁어주고 싶다. 어이, 스핑크스처럼 뜬금없는 질문이라도 던져봐. 당신도 나도 권태롭지 않게. 아무런 기능 없이 단지 존재하는 것만으로 기능하는 저들은 이 성과 같다. 인신공격을 당한 사람의 얼굴처럼 날이 급속도로 어두워지고 있다. 공기도 꽤 쌀쌀하다. 미국인들은 다른 길로 갔는지 우리 말고는 아무도 없다. 뜨거운 커피 생각이 간절하지만 주위에는 말없는 돌, 돌, 돌뿐이다. 무심한 돌들은 석빙고처럼 냉기를 뿜어대고, 우리는 한기를 느끼며 아무런 확신 없이 길을 따라 걷는 중이다. 여기가 정말 프라하 성이 맞나. 어째서 사람이 하나도 없을까. 황금소로는? 그 멋지고 화려하다는 궁전과 성당, 수도원과 정원은 어떻게 된 거지? 흐라트차니 광장은? 제법 오래 걸었지만 아무것도 보지 못했다. 아니 뭔가 보기는 본 것 같은데 아무것도 기억나지 않는다. 어쩌면 궁전과 성당, 수도원과 정원을 지나쳤을지도 모르겠다. 그저 지금 기억나는 건 무아지경 속에 한참 걷고 났더니 다리의 힘이 쫙 풀리는 긴긴 계단 앞에 당도했더라는 것뿐이다. 본능적으로 여기가 끝이라는 느낌이 들었다. 그래도 우리는 이 계단을 다 내려가면 황금소로가 나올 것이라고 기대했다.

계단 꼭대기에서 바라보는 전망은 할 말을 잃게 한다. 다닥다닥 붙어 있는 짙은 주황색 지붕들. 그게 전부이다. 그렇지만 이 자유분방한 질서는 충분히 경이롭다. 저 많은 지붕들 중에 내 것이 꼭 하나만 있으면 좋겠다고 간절히 소원한다. 오븐으로 구워낸 듯한 주황색 지붕 집에서 펑퍼짐한 쿠키처럼 근심 없이 살고 싶다. 프라하에서라면 그럴 수 있을 것 같다는 근거 없는 희망이 생긴다. 그리고 이내 관성적으로 뒤따르는 부질없음에 대한 긍정. 우리는 숨을 크게 들이마시고 계단을 내려가기 시작했다. 다 내려오니 어이없게도 지하철역과 트램 정거장이 나온다. 이게 뭐야? 뒤늦게 지도를 펼쳤더니 황금소로에 가려면 계단이 시작되기 전에 옆길로 살짝 빠져야 되는 거였다. '지도의 여왕'인 내가 이런 실수를 하다니. 허탈하다. 그렇다고 날은 점점 어두워지는데 사람 잡는 계단을 다시 올라갈 엄두는 나지 않는다.

프라하 성과 황금소로 탐방은 이렇게 시시하게 끝났다. 아니 정확히 말해 황금소로는 구경도 못 했다. 그래도 많이 아쉽지는 않았다. 나중에 조사해보니 프라하 성에는 입구가 세 군데 있었다. 우리는 그중에서도 제일 외진 꼭대기에 있는 북문에서부터 걷기 시작했던 것이다. 사진으로 본 황금소로 22번지의 카프카 하우스는 기념엽서들로 도배된 상점이 되어 있었다. 여행이란 게 원래 시시하다. 성당을 하나 더 보고, 바로크니 고딕이니 꽥꽥거리는 것이 중요한 것 같지는 않다. 물론 그것은 그 나름대로 의미가 있다. 아는 만큼 더 보인다는 것은 명징한 진실이다. 하지만 나는 그냥 그 순간을 살았다는 것이 중요하다. 무지의 소치로 눈부신 건축과 역사를 상한 우유처럼 미련 없이 포기해야 했지만, 흐리멍덩한 눈빛으로 오직 시간을 앞으로 밀어내기 위해 걷고 또 걸었던 그 시간도 좋았다. 어차피 여행은 각진 다면체 세상을 내 맘에 맞게 이리저리 둥글리는 작업이 아닐까. 너무 낯설어서 날카로웠던 세상의 한구석을 내 두 발로 조금 닳게 만들었다면, 그것으로 되었다. 공부 잘하는 법, 연애 잘하는 법은 있어도 여행 잘하는 법은 정의상 성립되지 않는다. 여행에서는 치사한 합리화도 허용된다. 그래서 가장 초라한 여행조차 눈부시게 찬란할 수 있다. 나는 그렇게 믿는다.

허무의 육박전

그녀가 지나간 폐허의 컬렉션
도대체 얼마나 짓밟고 다닐 건데
무너진 사랑탑 파멸의 컬렉션
나도 별다를 것 없어

—달빛요정역만루홈런

빈 우체통은 메아리가 크다지만 빈 위장만큼이야 할까. 나는 배가 고프거나 긴장하면 위장에서 하수구에 물 빠지는 소리가 공명하는 곤란한 체질을 타고났다. 사회생활에 지장이 많은 체질이다. 특히 연애생활에는 치명적이다. 악성 종양 수준이다. 우리는 프라하 성이 남긴 허무를 껴안고 배를 채우기 위해 유대인 지구Josefov 근처를 헤매고 다녔다. 이 구역에서는 밀전병처럼 납작한 모자를 쓴 유대인을 심심찮게 볼 수 있다. 체코 전통 요리를 전문으로 한다는 우 베네딕타U Benedikta라는 이름의 레스토랑에 들어갔다. 이번에도 역시 흑맥주부터 시키고 앉아서 숨을 돌렸다. 다른 것도 그렇지만 특히 체코의 흑맥주는 두고 두고 삼삼하게 그리울 것 같다. 맥주는 뭐니뭐니해도 고단한 노동 끝의 휴식을 완성해준다. 우리는 오늘 하루를 열심히 살았으니까 이 차가운 술 한 잔이 부끄럽지 않다.

메뉴 고르기는 항상 어렵다. 유대교 경전 토라를 공부하듯이 메뉴 이름과 설명을 하나하나 읽으면서 숙고를 거듭했다. 하지만 선택의 결과는 언제나 하늘의 뜻에 달려 있다. 나는 갈릭 크림 수프와 올드 보헤미안Old Bohemian을 시켰고 비노 양은 체코 전통 수프인 굴라쉬Goulash*와 프라하 스타일 고기 요리를 시켰다. '올드 보헤미안'이란 이름이 멋져 보이기도 했지만, 이 메뉴에 유대인의 전통 음식인 훈제 혀 요리가 포함되어 있는 것을 보고 모험심이 꿈틀거렸다.

어릴 적 우리집에는 『어린이 탈무드』가 있었는데 그 책에는 혀 요리 이야기가 굉장히 자주 등장했다. 어린 마음에 어떻게 혀를 먹을 수가 있을까 진저리를 치면서도, 도대체 무슨 맛이 날지 미치도록 궁금했던 기억이 난다. 더구나 이야기 속에서 혀 요리는 언제나 궁극의 진미로 등장했기 때문에 땅꼬마의 호기심은 더욱 극대화되었다. 심지어 나는 내 혀를 조금 잘라 실험을 해볼까 하는 생각까지 했었다. 그때부터 애가 좀 극단적이었다. 하지만 혀를 자르면 플라나리아처럼 곧 재생된다고 믿고 있었기 때문에 내 딴에는 합리적인 착상이었다. 집에는 책이 별로 많지 않아서 이야기에 대한 허기를 채우자면 읽은 책을 몇 번이고 반복해서 읽는 수밖에 없었다. 오빠가 사다 놓은 펄벅의 『대지』*, 하디의 『테스』, 도스토예프스키의 『죄와 벌』 같은 문고본을 마루인형 소냐 만큼이나 아꼈고 혼이 빠지도록 열중해서 읽었다. 『어린이 탈무드』는 어떤 경로로 우리 집에 굴러들어왔는지 잘 기억나지 않지만, 아마 줄잡아 백 번 이상은 읽었을 것이다. 당시 나는 유대인이 참말로 재

굴라쉬 얼큰한 쇠고기 수프. 체코의 대표적인 전통요리다. 소고기와 야채를 넣고 끓인 진한 수프로 파프리카나 고추를 넣어 매운 맛이 난다. 빵과 곁들여 먹으면 한 끼 식사로 든든하다. 걸쭉한 국물이 마치 우리의 육개장과 비슷한 풍미가 어우러져 해장용으로도 좋을 듯. 한 마디로 한국인의 입맛에 잘 맞는다는 의미.

펄벅, 대지 하이간 이 할머니는 대단한 이야기꾼이다. 나는 이 광활한 서사에서 흙냄새의 향긋함과 욕정의 번지르움, 계급의 불멸성, 무자식이 상팔자라는 것을 배웠다. 뿌리 깊은 나무 바람에 아니 뭘세. 소설이란 나무를 지탱하는 뿌리는 뭐니뭐니해도 힘찬 서사이다.

치 있는 사람들이라고 생각했다.

유대계 이탈리아인으로서 제2차 세계대전 당시 아우슈비츠를 경험한 화학자 출신의 작가 프리모 레비는 인간과 물질에 대한 깊이 있는 이해를 보여준 독특한 저서 『주기율표』에서 자신의 동족에 대해 이렇게 설명했다. "유대인은 크리스마스 때 트리 장식을 하지 않는 사람, 살라미 소시지를 먹어서는 안 되지만 그래도 먹는 사람(왜? 맛있으니까!), 열세 살이 되면 히브리어를 조금 배워야 하지만 그러고 나면 잊어버리는 사람이다." 그런데 파시즘은 유대인이 "인색하고 교활하다"고 주장한다. 그들이 인색하고 교활하다고 한다면 그들의 췌장이 야비하고 갑상선이 졸렬하다고 말하는 것과 다를 바 없다. 우리는 다른 인간에 대하여 인간임을 트집 잡을 수는 없다. 그것은 가장 교묘한 형태의 살인이다. 미셸 투르니에의 『예찬』에도 유대인과 관련하여 재미있는 이야기가 나온다. 예전에는 호적 담당 관리들이 유대인에 대한 반감 때문에 아누스Anus 같은 모욕적인 성을 그들의 호적에 등재했다고 한다. 아누스Anus는 항문이라는 뜻이다. 어느 유대인 아버지는 자식들에게 이런 식으로 생색을 내기도 했다. "이것들아, 애비가 g자를 하나 끼워 넣느라고 돈이 얼마나 들었는지 알기나 해?" g를 끼워 넣으면 항문이 '양⩊'이 된다. Agnus Dei 하면 신의 어린 양, 즉 예수를 뜻한다. 참으로 고귀하고도 드라마틱한 항문의 변신이다.

맹랑했던 어린 시절 생각도 나고 탈무드의 극찬을 확인

프리모 레비, 주기율표 작가이자 화학자였던 프리모 레비는 주기율표에 포함된 원소들을 소재 삼아 자신의 인생 전체를 하나의 완전한 자연계처럼 새롭게 창조했다. 그가 섬세한 손길로 재량해 융합한 물질과 비물질의 세계는 너무도 정교하다. 그의 글을 읽노라면 플라스크와 알코올램프를 이용해 영혼을 제조할 수도 있을 것만 같다. 아르곤이니 납이니 질소니 하는 것들을 가지고 이렇게 아름답고도 재미난 글을 쓸 수 있는 사람이 또 있을까?

미셸 투르니에, 예찬 투르니에 씨는 식도락가임에 분명하다. 이 참견하기 좋아하는 영감쟁이는 세상 모든 것에 독특한 조미료를 쳐서 "알쏭달쏭한 맛의 무지개를 펼쳐 보인다." 그의 말에 따르면 조미료는 전혀 몸에 이로울 것이 없고 오직 쾌락을 위해 존재할 뿐이다. 그런데 이상하게도 그의 글을 맛볼 때마다 궁극의 쾌락의 경지에 다다르게 된다. 죄책감이 느껴질 정도로 상다리가 휘어지게 차려진 푸짐한 잔칫상. 그 몸서리치는 쾌락에 혀를 담가보시길.

해볼 수 있는 절호의 기회이기도 해서, 혀 요리에 대한 기대감이 이만 저만 아니었다. 결론적으로 진정 성숙한 모험은 결과에 대한 포기를 전제로 한다는 사실을 확인했다. 이와 더불어 전통은 대개 안전한 것이지만, 남의 나라 전통은 믿을 것이 못 된다는 야속한 진실 또한 깨달았다. 메인 요리는 거의 입에 대지 못했고 수프와 빵으로 끼니를 때우다시피 했다. 비노 양의 프라하 스타일 고기 요리는 소금을 가마니째 들이부었는지 살벌하게 짠 맛 때문에 도저히 먹을 수 없었다. 그나마 굴라쉬는 우리나라 육개장 비슷하게 얼큰해서 꽤 만족스러웠다.

올드 보헤미안은 일종의 고기 모듬 요리다. 훈제 돼지고기와 혓바닥, 소시지에 빨간색 양배추와 흰색 양배추 절임이 곁들여져 나왔다. 보통 고기 요리는 질긴 것이 문제지, 지나치게 연해서 문제가 될 일은 없다. 근데 이놈의 혓바닥 살은 너무나 기분 나쁘게 유들유들하고 부드러웠다. 뭐랄까. 사랑하는 남자의 편도선을 씹는 기분이랄까. 뭐라 형언할 수 없는 불쾌함과 죄책감 비슷한 감정이 밀려왔다. 무력해진 육질을 설컹설컹 씹으면서 내 혀와 돼지 혀가 저속하게 얼크러지는 묘한 기분을 맛보았다. 더는 먹을 수 없었다. 이리저리 헤집어 놓은 고기 조각들이 널브러진 접시는 잔혹한 폐허의 현장이었다. 피 묻은 도끼를 손에서 떨어뜨리는 르완다의 후투 족 전사처럼, 허탈하게 포크를 내려놓았다. 살아 있음이 수모이고 잡식의 습관이 수치다. 버릇이 된 생존 본능과 알량한 허무가 매일매일 육박전을 벌인다. 못할 짓이다.

업보와 비명횡사의 상관관계

"플라타너스야, 너도 때로 구역질을 하니?
가령 너는 무슨 추억을 갖고 있니?"

— 황인숙 「우리는 철새처럼 만났다」

프라하를 떠나기가 너무나 아쉬웠다. 조금만 더 부지런을 떨었으면 프라하에서 기차로 한 시간 거리에 있는 베네쇼프 마을에도 다녀오고 신시가지의 현대적인 모습도 구경할 수 있었을 텐데. 아니 적어도 블타바 강을 몇 번 더 건너고 프라하 성의 야경을 좀 더 생생하게 마음에 담을 수 있었을 텐데. 지나고 나니 모든 것이 아쉽고 한탄스럽다. 하다못해 레스토랑에서 쁘로심Prosim(여보세요)! 한 번 외쳐보지 못한 것도 억울하다. 파리에서는 그래도 메르시Merci와 빠흐동Pardon을 입에 달고 살았는데, 오히려 프라하 사람들이 영어를 더 잘해서 간단한 체코어 인사조차 말해 볼 기회가 없었다. 후회는 후추처럼 쓰라린데도 깨달음은 깨알만큼 쪼잔해서, 성긴 의식의 그물망 위에는 언제나 남는 것이 없다. 알맹이가 다 빠져나가고 맹탕만 남은 추억 앞에서 나는 자주 망연자실하다.

우리가 묵었던 동네 이름, 델니츠카Dělnická는 '노동자의 거리'라는 뜻이다. 스스로를 '번역 노동자'라고 생각하는 나는 그 이름이 왠지 친근하고 마음에 들었다. 그 거리에는 뼈 빠지게 일하고 가슴 뻐근하게 사랑할 줄 아는 진짜 사람들이 살고 있을 것만 같았다. 대책 없는 감상벽이라 해도 좋다. 정갈하고 호젓한 거리 풍경과 아름다운 우리 방 루디 프라포를 의리 있게 기억하리라. 마지막으로 아쉬움을 달래며 베네쇼프 마을 이야기를 조금 덧붙이려 한다. 다시 프라하에 갈 기회가 생긴다면 베네쇼프도 좋고, 아니면 프라하 근교의 아무 이름 없는 작은 마을에서 거름처럼 오래 오래 썩고 싶다.

베네쇼프 역에 내려 2.5킬로미터 정도 한적한 오솔길을 걸어가면 코노피쉬테 성이 나온다. 오스트리아-헝가리 제국의 황태자 프란츠 페르디난트 대공이 사라예보에서 암살되기 전까지 아내 소피와 아이들을 데리고 살았던 성이다. 그는 사라예보에 가기 직전에도 이 성에서 독일의 빌헬름 황제를 만나 보스니아 문제를 의논했다고 한다. 페르디난트 대공은 정략결혼이 판쳤던 역사 속에서 보기 드물게 뜨거운 연애질을 결혼으로 성사시킨 인물이다. 이 성은 에드워드 노튼과 폴 지아매티가 주연한 영화 〈일루셔니스트〉의 배경으로도 등장하는데, 영화 속 황태자는 페르디난트 대공이 아니지만 공교롭게도 여자 주인공 이름은 소피다. 페르디난트 대공은 프라하의 한 무도회에서 하급 귀족 집안의 딸인 소피 초텍을 만난다. 말이 좋아 귀족이지 평민이나 다름없었던 모양이다. 소피는 이사벨라 황녀의 시녀 노릇을 했으니 말이다. 두

닐 버거 감독, 일루셔니스트 환상마술의 대가 아이젠하임과 그의 로맨스, 그리고 연적 황태자 사이의 대결 구도가 중심을 이루는 영화. 너무도 유명한 아이젠하임의 마술 공연에 왕실의 황태자와 황태자의 약혼녀가 관람하러 온다. 황태자의 연인은 어린 시절 아이젠하임의 마음을 송두리째 빼앗았던 소피. 어린 시절 아무에게도 들키지 않은 채 함께하고 싶어 했던 두 사람은 결국 신분의 차이 때문에 이루어지지 못했다. 소피는 헤어지면서 이런 말을 남겼다. "우리를 사라지게 해봐." 그녀의 그 말 한 마디가 아이젠하임을 위대한 마술 공연가로 만든 것이다. 세월이 흘렀지만 아이젠하임은 자신의 공연을 보러 온 소피를 한눈에 알아보았다. 그건 소피도 마찬가지. 하지만 재회의 기쁨도 잠시, 황태자 레오폴드가 두 사람의 관계를 의심하기 시작했고, 급기야 아이젠하임을 제거할 음모를 꾸민다. 하지만 아이젠하임은 더 이상 어린 시절의 무기력한 소년이 아니다. 그는 환상이라는 말이 어울릴법한 마술로 소피와의 사랑을 지켜낸다.

사람은 사랑에 빠졌지만 신분 차이 때문에 드러내 놓고 연애를 할 수는 없었다. 한번은 대공이 이사벨라 황녀의 집에 머문 적이 있었는데 실수로 테니스 코트에 시계를 떨어뜨리고 갔다. 황녀는 대공이 자기 딸들 중하나와 사랑에 빠졌다고 착각하고 있었던 터라 당연히 시계 안에 딸의 사진이 들어 있을 거라고 생각했다. 하지만 어이없게도 그 안에는 시녀의 사진이 들어 있었던 것이다. 황녀가 야생마처럼 길길이 날뛰었음은 물론이다. 결국 두 사람은 우여곡절 끝에 결혼을 하지만, 황실 사람들은 아무도 결혼식에 참석하지 않았다.

아시다시피 두 사람은 백년해로하지 못하고 사라예보에서 세르비아 출신 민족주의자의 총알에 유명을 달리한다. 그리고 오스트리아-헝가리 제국이 세르비아에 선전포고를 함으로써 전쟁이 시작되고 이 전쟁은 1차 세계대전으로 확대된다. 사실 황태자 부부 암살 사건은 구실에 불과했다. 오스트리아-헝가리 제국은 보스니아와 헤르체고비나를 병합할 때 불만을 품었던 세르비아를 내내 벼르던 중이었고 응징할 기회만 노리고 있었기 때문이다. 외교적으로 사태를 해결하고 싶어 했던 세르비아의 노력을 묵살한 것을 보면 제국이 얼마나 전쟁을 원했는지 알 수 있다. 현재 코노피쉬테 성 박물관에는 문제의 그 총알이 전시되어 있다고 한다.

성의 외관은 소박하지만 내부로 들어가면 괴기스러울 정도로 엄청나게 많은 박제된 짐승들이 전시되어 있다. 페르디난트 대공은 정신세계가 독특한 사냥광이었다. 그가 생전에 죽인 사슴만 해도 5천 마리가 넘는다. 원래 왕위 계승자도 아니었던 사람이 얼떨결에 황태자가 되어 비명횡사한 것을 보면, 엄연한 역사적 사실을 두고 사이비 삼장법사스러운 생각을 안 할 수가 없다. 무분별한 제국주의 야욕으로 인해 자극된 민족주의 감정이 폭발해서 비극적인 사건을 일으킨 것도 일으킨 거겠지만, 혹시 살생을 많이 한 업보로 팔자가 사나워진 건 아닐까. 사슴들이 만장일치로 투표를 했을지도 모를 일이고. 스코틀랜드 출신 록 밴드 프란츠 퍼디난드Franz Ferdinand의 〈All For You Sophia〉는 페르디난트 대공의 아내 소피를 위한 노래이다. 역사적인 배경도 그렇고 노래의 소재 자체는 웃을 일이 아니겠으나, 곡은 멜로디가 단순하고 리듬이 경쾌해서 듣고 있으면 절로 신이 난다. 반복되는 총성 Bang, Bang(빵! 빵!) 소리도 미안하지만 많이 흥겹다. 남편은 살생을 많이 해서 업보가 쌓였다지만 소피는 무슨 죄가 있나. 죄는 몰라도 재수는 좀 없었다. 너무 지체 높은 남자한테 사랑을 받아도 인생이 피곤해진다.

이제 다음 행선지는 핏자국으로 얼룩진 역사에도 아랑곳없이 천연덕스레 천혜의 자연을 간직한 곳, 크로아티아와 슬로베니아이다. 아마 거기서도 보스니아와 세르비아에 대해 생각할 기회가 있을 것이다. 앞으로 무엇을 보고 무슨 생각을 하고 또 어떤 사람들을 만나게 될까. 부피가 큰 기대감이 무지개 치마처럼 화사하게 마음 한가득 퍼진다. 한번 더 진탕 방심했다가 뒤통수 제대로 맞아보자. 그리고 게걸스럽게 우연의 음악을 즐겨보자. 우연을 연주하는 음악가여, 나를 가지

프란츠 퍼디난드(한정판) 국내에 한정판으로 발매된 음반에 〈올 포 유 소피아〉가 들어 있다. 비틀스처럼 4인조로 구성된 영국 출신 록 밴드. 그렇다고 비틀스 풍의 서정성을 떠올리면 곤란하다. 이들의 음악은 장난스럽고 발랄하며 폭발적이다. 그런데 희한하게도 위협적이지 않다. 밀리터리 룩에 뾰족한 하이힐을 신고 발을 구르며 들으면 제격인 음악. 달랑 두 장의 앨범만 내고 감감 무소식이라 서운했는데 얼마 전 영화 〈할람 포Hallam Foe〉OST에 이들의 이름이 새겨져 무척 반가웠다.

고 놀아줘요.

Bang! Bang! Europe's going to weep

All for you, all for you all for you, Sophia

Bang! Bang! history's complete

All for you, all for you all for you, Sophia

- All For You Sophia, by Franz Ferdinand

크로아티아
두브로브니크 & 자그레브

두브로브니크의 구시가지 스타리 그라드는 유네스코에서 지정한 세계문화유산으로, 입 달린 사람들은 저마다 한번씩 힘닿는 대로 미사여구를 동원하여 격찬했던 곳이다. 유네스코가 지정해서 대단하고 유명한 누가 뭐라 해서 믿을 만하다는 것이 아니라, 그런 상투적인 권위의 힘을 빌어서라도 이곳의 아름다움을 강변하고 싶을 만큼 보는 순간 사람을 사로잡는 매력이 강렬하다는 뜻이다. 이 도시는 중세 때부터 해상 무역의 중심지로서 영화를 누렸는데, 당시 라구사 공화국은 베네치아에 버금갈 정도로 번성했던 도시 국가였다. 한때 지구상에서 가장 뜨거운 화약고였던 옛 유고슬라비아 영토에 속한 탓으로 전쟁의 포화를 피할 길은 없었지만, 다행히 도시를 사랑하는 수많은 사람들의 노력 덕분에 참상의 흔적은 말끔히 복구되었다. 이제 두브로브니크는 세월을 초월한 듯 불가해한 아름다움을 뽐내며 영원한 아드리아의 여인으로 남을 수 있게 되었다.

두브로니크의 공기는 거의 이동이 없다. 뜨겁지만
달라붙지 않는다. 마치 이상적인 사랑의 방식과
흡사하다. 자꾸만 입에서 변진섭의 〈새들처럼〉이라는
노래의 멜로디가 흘러나온다. 다른 노래를 부르고
싶은데 생각하다보면 어느새 또 이 노래를 부르고 앉아
있다. 촌스럽지만 어쩔 수 없다. 역시 이런 곳에서는
유년의 기억에 새겨진 해묵은 노래가 어울리는 것일까.

항구 쪽의 성문에서 반대쪽 필레 성문까지는
스트라툰이라는 큰 길이 이어져 있다.

이 길 양쪽으로 각종 상점들이 즐비하고 스폰자 궁과 시계탑, 이름 모를 예배당, 오노프리오 분수대, 프란체스코 수도원, 14세기 말부터 지금까지 영업 중인 유명한 말라 브라가 약국 등 볼거리가 많고, 그만큼 구경할 사람들도 많다. 프라하에서 카를로프 교를 여러 번 지나다녔던 것처럼 두브로브니크에서는 이 스트라둔 거리를 자주 왕래했다.

나의 로망 탱크탑과 핫팬츠, 기형적으로 미의식이 발달된 고국에서는 꿈도 못 꾸던 차림을 하고 굽이 약간 높은 플을 신었다.

나중에는 발바닥도 아프고 굽이 자꾸 돌 사이에 끼기도 해서 신발을 벗어들고 맨발로 돌아다녔다.

무라카미 류는 고흐가 왜 귀를 잘랐는지 아느냐고 물었다.
고흐의 문제는 귀만이 아니다. 그는 모조리 성치 못한 사람이었다.
나는 고흐의 측백나무를 보면 썩어 문드러진 손가락들이 춤을 추는 듯
보인다. 고흐의 사정이야 협소한 영혼들이 감히 짐작할 바가 못 되지만,
적어도 인어공주가 왜 성대를 뽑았는지 그 마음은 알 것 같다.
목소리를 버리고서라도 다리는 얻을 가치가 있다.
지금 나는 난생 처음 다리를 얻은 인어공주처럼, 발바닥 있음이
감격스럽다. 그저 이렇게 걸을 수 있다는 사실이 감사하다.

커튼을 젖히고 테라스로 나가는 문을 열면
드넓은 바다가 눈앞에 펼쳐진다. 온통 파란색
입자들이 펄떡거린다. 베르메르의 울트라마린
색깔을 닮았다. 그는 라피스라줄리, 청금석을
곱게 갈아 아마씨 오일을 섞어 울트라마린을
만들었다. 화가를 보조하는 부주의한 종복이
값비싼 안료를 실수로 바다에 쏟아버린 것만 같아
내 애간장이 다 탄다. 이를 어째. 마른 한숨만
나온다. 바다의 날내가 코를 찌른다.
이 바다에는 짠 냄새가 없다. 그저 차가운 사파이어
냄새가 날 뿐이다. 이 바다는 뭔가 꽁치적이거나
고등어적이지 않다. 미안하지만 여기에는
그런 미천한 것들 대신, 신비롭고 고귀한 존재가
살고 있을 것만 같다.
미하일 브루벨의 그림 속에 나오는 백조공주 같은.
아, 이를 어째. 또 한숨.

슈퍼마켓 계산대에 앉아 있는 부스스한 아주머니는
퉁명스럽다. 현지인 특유의 경계하는 시선으로 흘끔거린다.
내심 이런 푸대접이 반갑다. 어느 나라에 가든지 관광객들
또한 싸고 흔하다. 여행을 하다보면 나를 비롯한 관광객의
존재에 신물이 날 때가 있다. 아마 그래서 나는 그런
이방인이 되지 않으려고 헛되게 버둥거렸던 것 같다.
하지만 그런 땜질한 자존심보다 차라리 조금 서먹한
이질감이 더 자연스럽다는 것을 이제야 알겠다.
이방인이 된 처지를 인식할 때마다 '지금 여행중'이라는
사실이 한층 더 선명하고 절실하게 다가온다.
덕분에 관성의 노예가 되어 권태에 휩쓸리는 대신,
좀 더 의욕적으로 여행할 수 있는 힘을 얻는다.
왜 그렇게 어리석은 발악을 했을까.
이방인은 이방인일 때 가장 어울리는 것을.

여행을 하면서 두 사람이 함께 보내는 시간도 좋지만,
각자 내키는 대로 사용한 시간을 저녁이 되어 맞바꾸는 재미도
쏠쏠하다. 마치 외출에서 돌아온 기숙학교의 여학생들 같은
기분이다. 시내에서 산 머리핀이나 편지지, 초콜릿 따위를
교환하면서 킬킬거리고 흐뭇해하는 기분. 그렇게 재잘거리다가
누가 먼저랄 것 없이 입을 다문다. 세상에 우리 둘 말고는 모두
잠들었거나 다른 행성으로 여행을 떠나버린 것 같다.
지구가 텅 빈 듯 고즈넉하다. 침묵에도 무늬가 있다는 말을
어디선가 읽은 기억이 난다. 고독하거나 지루하거나.
두려움에 짓눌려 있거나 거짓말을 꾸며내는 중이거나.
우리는 여러 가지 이유로 침묵한다.
지금 이 순간의 침묵은 아무 무늬도 없는 순전한 것이다.
텅 빈 지구에 평화가 수북이 쌓여 있다.

나는 강원도에서 책을 읽고, 번역을 하며 살아가고 있다.
시골살이의 몇몇 기쁨 중 하나는 그런 것이다.
우리 집에는 전용 풀장도 없고 멋들어진 정원도 없지만
조금만 걸어 나가면 저절로 순환하여 정화되는 저수지와
자연이 알아서 가꾸는 아름다운 산이 지척에 있다.
꼭 소유해야 맛이 아니다.
언제든 아끼고 즐길 수 있는 것이라면 그건 내 것이나 마찬가지다.
나는 그렇게 생각하고 산다.

몇 시간 동안 지도도 보지 않고 맨발로 마구 골목을
헤집고 다녔다. 인상적인 예배당이라든가 아담한 찻집,
오래 묵은 돌집 따위를 수없이 스쳐 지나갔다.
어느 집에서는 구수한 냄새가 풍기기도 했고 흔하디흔해
보이는 화분들을 고심하여 배열해 놓은 집도 있었다.
하지만 끝내 가정집에 사람이 드나드는 모습은 한번도
보지 못했다. 마치 페스트에 몰살된 마을처럼 인기척이
없었다. 오직 새하얀 빨래의 정령들만이 집주인의
존재를 암시할 뿐이었다. 여행에서 돌아와 지도를
여러 번 들여다보면서도 나는 그때 내가 지나쳤던
길의 자취를 복기할 수 없었다.
혹은 기어이 되살려내어서 뭘 어찌겠다는 것인가, 라는
마음도 없지 않았다. 가방에서 지도나 사진기를
꺼낼 경황도 없이 무슨 생각을 하며 그 오랜 시간 골목을
쏘다녔던 것일까. 아마 이 아름다운 도시에서의 한갓진
방랑도 오늘이 마지막이라는 생각을 하며 지레
마음을 여미고 있었겠지.

시간의 유형지

"말하자면 사람들은 여기에 와서
다시 태어나는 것임에 틀림없다.
지금까지 가지고 있던 개념들을 돌이켜 보면
마치 어릴 적에 신던 신발 같다는 생각이 든다."

—괴테

'아드리아 해의 진주'라는 별명을 갖고 있는 두브로브니크Dubrovnik는 크로아티아의 남쪽 끝에 위치한 해안 도시다. '진주'에 빗댄 은유가 심히 진부해 보이긴 하지만, 원래 아름다움이란 건 참을 수 없는 진부함과 불가분의 관계일지도 모른다. 아드리아 해는 이탈리아와 크로아티아 가운데 있는 바다 이름으로, 미야자키 하야오 감독의 애니메이션 〈붉은 돼지〉의 배경으로 나오기도 했던 바로 그곳이다. 인간에 대한 환멸로 스스로 돼지가 된 주인공 마르코 파곳 대위는 영원히 늙지 않는 푸른 바다의 이름을 딴 호텔 '아드리아노'에 이따금 들러 술 한잔을 기울이며 시간을 견딘다. 젤라즈니적인 영원한 시간의 형벌을 견뎌야 하는 운명이라면, 부디 그 유형지는 두브로브니크가 되길. 허파가 아가미로 진화하고 팔다리가 퇴화되어 온몸이 하나의 둥근 유선형이 될 때까지, 아무 소리 않고 묵묵히, 끝없는 형기를 살아낼 수 있을 것만

미야자키 하야오 감독, 붉은 돼지 제1차 세계대전 중 유능한 공군 비행사였던 마르코 대위는 전쟁에 대한 혐오와 살아남은 자의 죄책감을 이기지 못하고 스스로에게 저주를 걸어 돼지가 된다. 돼지가 된 마르코, 아니 포르코는 하늘의 해적인 '공적'을 퇴치하는 사냥꾼이 되어 자유롭게 하늘을 누비며 살아간다. 파시스트가 되느니 차라리 돼지가 되는 게 낫다는 포르코의 신념은 돼지 입장에서는 부당한 인격 모독일지 모르지만, 종種을 초월해 생명 유지에 힘쓰는 모든 존재가 경외할 만한 박애적인 구석이 있다. 인간의 속성을 폐기하는 어려운 결단을 통해 인간의 오만과 과욕을 반성할 것을 일깨우고 참된 인간으로 살아가는 것의 의미를 되새겨주기 때문.

같은 곳이 바로 여기 두브로브니크다.

　　두브로브니크란 이름은 크로아티아 단어 '두브라바dubra-va'에서 온 것이다. 떡갈나무 혹은 참나무 숲이라는 뜻인데, 옛날에는 이 주변에 건장한 나무들이 많았다고 한다. 비틀즈와 하루키가 그동안 '노르웨이의 숲'의 낭만을 충분히 널리 전파했으니, 이제는 다른 누가 남유럽의 정취가 물씬 풍기는 두브라바 숲에 대한 노래를 만들어서 불러줬으면 좋겠다. 그런데 아시다시피 비틀즈의 노래 〈노르웨이의 숲Norwegian Wood〉은 노르웨이의 숲이 아니라 노르웨이산 나무로 만든 가구에 대한 곡이다. 그러고 보면 번역의 최대 적은 센티멘털리즘과 거대담론 강박증일지도 모르겠다. 있는 그대로의 뜻이 너무 소박해 보이면 왠지 거기에 묵직한 뭔가를 덧입혀줘야 할 것 같은 기분이 드는 거다. 대체 가구가 숲보다 꿀릴 것이 뭐라고! 아무리 번역가 인생이 신산하기로서니 텍스트는 춥지 않다. 아무도 무거운 외투를 원치 않는데, 번역가 혼자 지레 설레발을 칠 때가 많다. 잠깐 멈칫. 남 말 할 때가 아니긴 하다.

　　두브로브니크의 구시가지 스타리 그라드Stari Grad는 유네스코에서 지정한 세계문화유산으로, 입 달린 사람들은 저마다 한 번씩 힘닿는 대로 미사여구를 동원하여 격찬했던 곳이다. 유네스코가 지정해서 대단하고 유명한 누가 뭐라 해서 믿을 만하다는 것이 아니라, 그런 상투적인 권위의 힘을 빌어서라도 이곳의 아름다움을 강변하고 싶을 만큼 보는 순간 사람을 사로잡는 매력이 강렬하다는 뜻이다. 이 도시는

노르웨이의 숲　비틀스의 앨범 〈러버 소울Rubber Soul〉(1965)에 수록된 존 레넌의 작품. 인도의 민속악기 시타르와 어쿠스틱 기타, 탬버린의 울림이 인상적이다. 무라카미 하루키는 소설 『상실의 시대』에서 'wood'를 숲으로 해석해 서정적인 분위기를 묘사했다. 'Norwegian Wood'를 '노르웨이의 숲'으로 번역할지 혹은 '노르웨이산 나무로 만든 가구'로 번역할지를 놓고서는 다소 이견이 있다. 어느 것을 선택하느냐에 따라 가사의 분위기가 완전히 달라지기 때문이다. 노래는 이렇게 시작된다. "내게는 한때 한 여인이 있었지. 아니, 그녀가 내게 있었다고 말해야 하나. 그녀는 나를 자신의 방으로 초대했어. 정말 멋지지 않아? 노르웨이의 숲에서, I once had a girl, or should I say, she once had me. She showed me her room, isn't it good, norwegian wood." 이는 'norwegian wood'를 '노르웨이의 숲'으로 해석한 것이다. 그렇다면 노래 속 남자는 노르웨이의 숲에 있는 한 여인의 아늑한 방에 초대된 것이다. 하지만 'norwegian wood'를 노르웨이제 가구로 번역하면 상황이 달라진다. 남자는 여자가 자신의 방에 있는 고급스러운 노르웨이제 가구를 자랑하는 것을 듣고 있는 셈이니까.

중세 때부터 해상무역의 중심지로서 영화를 누렸는데, 당시 라구사 공화국은 베네치아에 버금갈 정도로 번성했던 도시국가였다. 한때 지구상에서 가장 뜨거운 화약고였던 옛 유고슬라비아 영토에 속한 탓으로 전쟁의 포화를 피할 길은 없었지만, 다행히 도시를 사랑하는 수많은 사람들의 노력 덕분에 참상의 흔적은 말끔히 복구되었다. 이제 두브로브니크는 세월을 초월한 듯 불가해한 아름다움을 뽐내며 영원한 아드리아의 연인으로 남을 수 있게 되었다.

베네치아 얘기가 나와서 말이지만 나는 사람들마다 침 튀기며 칭찬하는 베네치아가 참 시시껄렁했다. 잔인하게 말해 옛 명성을 끊임없이 재탕하면서 서서히 가라앉고 있는 도시, 내 눈에는 베네치아가 그렇게 보였다. 두브로브니크나 베네치아나 어차피 뜨내기들의 도시다. 둘 다 관광객들이 도시의 분위기를 장악하는 곳이기 때문에, 기본적으로 도시 전체에 곰탕 국물에 뜬 기름기처럼 뭔가 느끼한 허영기가 둥둥 떠다니는 듯한 느낌이 들었다. 하지만 두 도시에 대한 구체적인 인상은 완전히 달랐다. 두브로브니크가 호기심 많고 팔팔한 처자라면, 베네치아는 산전수전 다 겪은 노파이다. 물론 노파라고는 해도 워낙에 젊은 시절 한 가닥 했던 미녀이기 때문에 아직 볼 만한 구석이 남아 있긴 하지만, 이미 그녀의 삶은 화석이 되었고 시선은 보수적으로 완고하다.

토마스 만도 이미 20세기 초의 베네치아에서 쇠락과 음침함의 징조를 느꼈던 것일까. 『베네치아에서의 죽음』이라는 시커먼

토마스 만, 베네치아에서의 죽음 도덕심과 소명감으로 자신을 무장한 채 살아온 성공한 작가 구스타프 아센바흐는 방랑자 같은 분위기를 풍기는 낯선 남자의 모습에서 훌쩍 여행을 떠나고 싶다는 욕구를 느낀다. 그가 선택한 여행지는 베네치아. 그곳에서 그는 아찔한 나르시시스트인 타치오라는 미소년을 만나 이상하리만치 고통스럽고 질척한 감정에 사로잡힌다. 토마스 만은 일찍이 『마의 산』이라는 마의 졸음을 부르는 소설로 나의 독서 의욕을 잠재웠던 작가인데, 놀랍게도 이 중편소설은 전혀 지루하지 않다. 깊이 있는 사색과 성찰은 거장의 솜씨로 불리기에 충분하고, 미소년의 환심을 사려는 중년 신사의 몸부림을 묘사하는 대목에서는 치절한 유머라는 덤마저 얻을 수 있다.

117

소설을 쓴 것을 보면 말이다. 소설은 만년의 괴테를 염두에 두고 창작된 것이란 얘기가 있는데, 소설을 각색한 영화는 구스타프 말러를 모델로 한 것으로 알려져 있다. 영화 속에서 중년의 작곡가로 나오는 주인공 구스타프 아셴바흐는 휴양차 베네치아에 왔다가 세일러복을 입은 미소년 타지오를 보고 그 나이에 감당하기 어려운, 심히 위태롭고 벅찬 감정을 느낀다. 그것이 사랑인지 미적 도취인지 혹은 악마의 유혹인지는 알 수 없지만 상당히 칙칙한 그 무엇인 것만은 분명하다. 백합꽃 같은 젊음을 바라보는 아셴바흐의 간절한 눈빛에는 병색이 완연하고 죽음의 기운이 흉흉하다. 때마침 베네치아를 덮친 콜레라의 기세가 등등해질수록 아셴바흐의 다크서클과 그를 둘러싼 스산한 분위기도 점점 더 짙어지고 거뭇해진다. 베네치아에 갔을 때는 토마스 만이 그런 소설을 쓴 것도 무리가 아니라고 생각했었다. 반면에 그가 두브로브니크에 있었다면 구상을 다 끝내 놓고 책상 앞에 앉았더라도 펜이 잘 협조하지 않았을 것이다. 뜨거운 태양이 어떻게든 어둠의 의지를 소독하고 탈색시켜 버렸을 테니까. 여기서는 성능 좋은 자외선 차단제와 선글라스만 가지고 있으면 그럭저럭 세상이 만만해 보인다. 거기다 젊음과 건강한 아가미까지 있으면 세상에 부러울 게 없다고 해도 순 뻥은 아니다.

헬로우, 선샤인

"이곳은 그러니까 감히 사랑이 붉게 물들 수 없는 곳."
－유성용 『여행생활자』

    프라하에서 두브로브니크로 오는 비행기 안에서 우리는 농약 먹은 병아리마냥 꾸벅꾸벅 졸고 있었다. 우레 같은 박수 소리에 화들짝 놀라 깨어보니 비행기 안에 있는 모든 승객들이 부흥 집회에서 은혜 받은 신도처럼 괴성을 지르며 환호하고 있었다. 어느덧 비행기 바퀴가 두브로브니크의 지면을 부드럽게 굴러가는 중이었다. 이런 발광의 혼연일체는 생전 처음 보았다. 모두들 두브로브니크에 대한 기대감이 얼마나 큰지 느낄 수 있었다. 창문 밖으로 보니 하늘이 청명하다. 며칠 전까지만 해도 궁상스럽게 비가 내렸다고 해서 심려가 컸는데 우리가 두브로브니크에 오자마자 기다렸다는 듯 푸짐한 햇빛이 쏟아진다.

    공항에서 구시가지로 가는 버스는 이미 떠나버렸다. 다음 버스는 한참을 기다려야 한다. 일단 현금지급기에서 쿠나부터 뽑기로 했다(1쿠나는 약 188원이다). 두브로브니크는 동유럽 중에서도 특히

나 더 서구화된 관광지라서 물가가 센 편이고, 유로를 사용하는 데 전혀 불편함이 없다고 들었다. 그래도 여행 기분을 내려면 낯선 현지 통화와 친해지는 것이 제일 좋다. 아이스크림을 먹고 싶거나 조잡한 기념품을 살 때 망설임 없이 작은 돈을 척 내놓는 거다. 혹은 간단한 현지 말을 익혀 손수건처럼 자주 써보는 것도 좋다. 익숙한 것들과의 결별이 잦아질수록 여행은 더 풍성해지니까. 빳빳한 쿠나도 뽑았겠다, 며칠 뒤 자그레브로 가는 비행기 티켓도 미리 찾았겠다, 암만 생각해도 몹시 야무진 처자들이다. 이제 바다를 향해 떠나기만 하면 되는데 막상 뭘 타고 가야 할지 대책은 없다. 게다가 지금 당장은 별로 대책을 세우고 싶지 않다는 것 또한 문제이다. 우리는 여행가방에 궁둥이를 올려놓고 무작정 해바라기가 되었다. 햇볕이 참 맛있다. 동서남북 어느 쪽으로 날름거려도 찐득한 노란 크림이 혀에 착 감긴다.

느닷없이 영감님 한 분이 우리 주변의 공기를 들추고 사회적 공간에서 친밀한 공간으로 바짝 들어온다. 그리고 뭔가를 주절거리신다. 띄엄띄엄 단어를 조합해 본 결과, 본인은 사브타트Cavtat까지 가는 길인데 우리를 태워주고 싶다는 말인 것 같았다. 거기 가면 구시가지로 가는 버스가 있고 원한다면 끝까지 태워줄 수도 있다고 하셨다. '끝까지'라니. 거 어감 상당히 안 좋네. 물론 영어의 끝end은 목적을 의미하기도 한다. 보아하니 노인네 아직 기운 정정해 뵈시고 혹시나 나쁜 마음을 먹는다면 조그마한 여자애 둘쯤은 너끈히 해치울 기력이 있어 보였다. 하지만 그냥 마음에서 우러난 친절일 수도 있잖아. 그런 사람 앞에서 딴 생각하는 우리가 오히려 사악한 것이 아닐까? 나는 성선설을 믿지 않지만 이런 태양 아래서 흑심을 품을 수 있는 인간은 히틀러와 무솔리니를 포함하여 인류 역사상 그리 많을 것 같지 않다. 이곳의 태양은 사람을 무장해제시키는 묘한 힘이 있다. 그래, 까짓것 기껏해야 암매장이겠지. 이런 곳에 매장되어 다음 세상에는 청초한 히아신스로 태어나는 것도 나쁘지 않을 거야. 우리는 여태까지 순조로운 편이었던 여행 운을 한번 더 믿어보기로 했다. 어쨌든 여기서 반나절 동안 버스만 기다리고 있을 수도 없는 노릇이다. 결국 우리는 영감님 차에 동승했다.

사브타트는 수수하고 조용한 해안 마을이었다. 이대로 여기 눌러 앉아도 괜찮겠다 싶을 만큼 마음이 끌렸다. 모든 것이 맑고 깨끗했다. 하늘과 바다는 위아래로 파란 블라우스와 치마를 맞춰 입은 소녀처럼 풋풋했고, 공기에서는 비누거품을 사사삭 비벼 갓 씻어낸 살 냄새 같은 것이 풍겼다. 그르누이라면 몹시 탐을 냈을 만한 냄새이다. 하지만 우리는 예약해 둔 조란의 집으로 가야 한다. 여기서 목적지인 필레Pile로 가려면 30분 정도 기다려야 버스가 있다. 영감님은 자꾸만 데려다주겠다고 고집을 부리신다. 걱정할 것 하나도 없다고 그러신다. 이자 높은 돈을 쓰라고 줄기차게 권하는 일수 아줌마 같다. 우리는 못 들은 척 무거운 여행가방을 끙끙거리며 내렸다. 그리고 땡큐를 연발하며 도망치다시피 버스 터미널로 내달렸다. 영감님은 그 후에도 버스가 올 때까지 주변을 맴돌며 가끔 치근거리셨다. 조금 찜찜하긴 했지만 이곳의 풍경을 둘러보면 공포라는 단어가 당치 않게 느껴진다. 여기서 그 단어는 아무도 쓰지 않는 사어死語인 것만 같다. 마침내 우리가 탈 버스가 왔다. 처음으로 쿠나를 쓴다. 둘이 합해 24쿠나. 버스 안은 터지기 일보 직전이다. 우리는 용케 자리를 잡고 앉았지만 통로 한가득 빽빽이 사람들이 서 있다. 뚱뚱한 김밥 같다. 여기저기서 당근과 게맛살이 삐져나오듯 계속 사람들이 내리고 또 그만큼 새로운 사람들이 탄다. 이대로 종점까지 가야 한다. 외지 사람들은 차창 밖으로 흘러가는 풍경을 보며 홍합처럼 입을 벌리고 비명을 지른다. 혼절할 정도로 아름답다. 아닌 게 아니라 산소 부족으로 혼절하게 생겼다. 나중에 알고보니 사브타트에서 구시가지까지 가는 뱃길도 있었다. 시간만 충분하다면 붐비는 버스 대신 싱싱한 바닷바람을 쐬며 느긋한 뱃놀이를 즐기는 쪽을 택하는 것도 좋을 듯싶다.

마침내 종점이다. 새로운 난관이다. 지나가는 사람들에게 우리의 목적지인 마티예 굽차를 물으니 모두 어깨만 으쓱거릴 뿐이다. 여기서 걸어가기엔 꽤 멀다고 말하는 사람들도 있다. 햇볕이 따갑다. 우리는 아직 프라하의 긴소매 옷차림이다. 땀구멍이 하나하나 열리고 인내의 뚜껑도 들썩들썩, 심상치가 않다. 갓 쪄낸 고구마처럼 김을 피워 올리며 택시를 타야 하나 어쩌나 고민하고 있는데, 맞은편에서 군살 없는 몸매에 탱탱하게 피부를 태운 근사한 여자가 걸어온다. 옳다구나. 왠지 느낌이 좋다. 비노 양이 그녀를 붙잡고 대화를 나누는 동안 나는 아슬아슬한 끈이 지탱하고 있는 가슴과 오목한 배꼽을 흘끔거렸다. 로마와 거의 비슷한 위도에 자리 잡고 있는 두브로브니크는 가히 탱크탑과 핫팬츠의 도시였다. 프라하에서는 결코 누리지 못했던, 극단적으로 헐벗을 수 있는 자유! 이것이 남유럽의 미학이로세. 그녀는 흠잡을 데 없는 영어를 구사했고 웃을 때마다 살짝 볼우물이 패였다. 보고만 있어도 흐뭇하고 미더운 여인이다. 나의 나침반은 이미 남쪽으로 심하게 경도되었다. 프라하가 어디더라? 변절은 이다지도 손쉽다. 그녀는 우리가 내민 번호로 전화를 걸어 사정을 대신 설명해주었다. 처음으로 들어보는 크로아티아 말ᅟ이다. 우리가 묵을 집은 필레가 아니라 플로체Ploče에 더 가까운 곳이었다. 구시가지를 중심으로 정반대편에 내린 셈이었다. 그녀는 조란이 우리를 데리러 올 거라고 말하고 여행의 행운을 빌어주었다.

　　　　방을 예약하던 당시 괜히 푼돈 아낀다고 호기롭게 픽업 서비스를 거절했는데, 공항에서 픽업을 받았다면 편하게 왔겠지만 여정이 부당하게 단축되었을 것이다. 여정이 단축되면 설렘이 고조될 짬이 없다. 지금 우리는 생일파티 풍선처럼 마음을 한껏 부풀리는 중이다. 예정에 없이 들른 사브타트 마을과 암매장 영감님, 그리고 매력적인 여인은 자그마한 풍선을 부풀리는 데 산소를 보태주었다. 궁핍한 여건은 수축과 팽창을 거듭하면서 상황을 반전시키고, 그것이 잘디잔 주름이 되어 여행의 표면적을 늘린다. 결과적으로 낯선 여행지의 좀 더 많은 측면과 접촉할 수 있다. 그렇다고 뭐 대단한 건 아니다. 그래 봤자 위대한 무엇을 성취하기엔 턱없이 모자란, 소소한 부스러기 한 움큼일 뿐. 하지만 그런 경험들이 모여 생각지도 못한 무늬의 퀼트 한 장을 완성하기도 한다. 그것이 내게는 마냥 신기하다.

마티예 굽차 15번지

"아드레날린 중독자인 고양이들이여
기울어진 지붕, 흔들거리는 처마,
말하자면 기우뚱함에, 그리고 지붕과 지붕 사이의 허공에
너희는 환장을 하지."
―황인숙 「지붕 위에서」

숙소는 구시가지에서 멀어질수록 저렴해진다. 그래도 동유럽치고는 비싼 편이다. '동유럽치고는'이라는 표현 자체가 좀 시건방지게 들릴지도 모르겠지만, 그래도 여행에서 저렴한 물가라는 부분을 무시하기는 어렵다. 구시가지에서 멀어진다는 것은 감당해야 할 계단 숫자가 기하급수적으로 늘어남을 의미한다. 두브로브니크 구시가지는 앞으로 바다와 면해 있고 뒤로는 가파른 산등성이를 등지고 있다. 산등성이에는 십이지장처럼 둘둘 말린 도로가 나 있고 그 사이사이에 주황색 지붕 집들이 빼곡히 들어차 있다. 차가 있으면 구불구불한 도로를 따라 올라가거나 내려오면 되지만, 걸어 다닐 때는 층진 도로와 도로 사이를 수직에 가까운 아찔한 경사로 이어주는 계단을 수백 개씩 오르내려야 한다. 우리가 예약한 집은 그렇게 심한 고지대가 아니었음에도 불구하고 관절이 견뎌야 할 시련은 호락호락하지 않았다. 솔직히 지금은

계단 개수가 잘 기억나지 않는다. 어쩌면 통틀어 300~400개 정도였을지도 모르지만(그것만 해도 작살난다), 어쨌든 체감 개수로는 거의 1천 개가 넘는 것 같았다. 정확하지는 않지만 편의상 이 계단에 '죽음의 666'이라는 이름을 붙여주기로 하자. 그렇다고 내가 이 계단을 증오하거나 저주하는 것은 아니다. 죽음의 666을 오르내리는 것은 분명 고달팠지만 늘 그렇지는 않았다. 하루 일과를 마치고 집으로 돌아가는 길에 누군가가 흘린 위로와 격려를 줍기도 하고, 재수 좋을 때는 아침 댓바람부터 의욕 한 뭉치를 건지기도 했다. 그래서 때로는 익스트림 스포츠에 도전하듯이 무모한 속도를 내다가 무릎이 삐끗하기도 했지만. 어찌 됐든 죽음의 666을 해치우고 나면 밥도 잠도 훨씬 더 꿀맛이다. 우유를 마시는 사람보다 우유를 배달하는 사람이 더 건강하다는 속담도 있지 않은가. 남보다 검은 담즙이 많은 사람은 강제로라도 운동을 해줘야 전 국민의 평균 수명을 깎아먹지 않는다.

　　우리가 잡은 숙소는 플로체 지역이라서 항구가 가깝다는 이점이 있다. 어차피 구시가지가 그리 크지 않기 때문에 필레 지역에 방을 잡아도 큰 불편은 없겠고, 거기는 거기 나름대로 또 장점이 있겠지만 그래도 나는 항구가 가까워서 더 정이 간다. 작은 항구에는 낡은 배들이 들락날락거리고 소박한 장도 서고 나름대로 바쁜 사람들이 돌아다닌다. 경쟁에 뒤지지 않으려고 바쁜 게 아니라 자기 생활의 시계에 맞춰 사느라고 바쁜 사람들 말이다. 항구에서 어시장이 열리는 것을 보지는 못했지만, 항구 하면 무엇보다 생선이다. 미시령에 터널이 뚫리기 전, 그 가파르고 위태위태한 고개를 넘을 때마다 황천길이 꼭 이렇게 생겼거니 짐작해보곤 했다. 터널이 개통된 후에는 아직까지 속초에 갈 기회가 없었다. 그래서 토목공학의 쾌거가 일소해버렸다고 하는 영서와 영동의 '심리적 거리'를 나는 여전히 느끼고 있다. 난전에서 횟감을 사다가 얼얼한 매운탕을 끓여먹는 재미, 돌아올 때는 새우니 조개니 잔뜩 싸들고 와서 몇 달 동안 야금야금 바다를 만끽하는 기쁨. 그런 것이 항구의 추억이다.

　　　　새우는 껍질 벗기는 과정이 귀찮고 조개는 썩지 않는 쓰레기가 많이 나와서 번거롭지만, 녀석들은 비교적 살생의 죄책감을 덜 느끼게 하는 얼굴을 하고 있다. 팔팔 끓는 물에 집어넣어도 갑옷을 입고 있으니 좀 덜 뜨거울 것 아니냐는 말이다. 제라르 드 네르발처럼 갑각류를 애완동물로 삼았던 사람이 이런 말을 들으면 나를 인간 취급도 안 할 것이다. 그러나 포기할 수 없는 것들에 대해서는 어느 정도의 합리화가 불가피하다고 본다. 원래 난 그런 인간이다. 19세기 중반을 살다 간 이 프랑스 작가는 애완동물에 대한 세간의 통념에 반기를 들고 파란 리본에 가재를 묶어 뤽상부르 공원을 돌아다녔다고 한다. "왜 개는 괜찮은데, 가재는 우스꽝스러운가? 또 다른 짐승을 골라 산책을 시킨다 한들 무슨 상관인가? 나는 가재를 좋아한다. 가재는 평화롭고 진지한 동물이다. 가재는 바다의 비밀을 알고 짖지 않고 개처럼 사람의 단자적單子的 사생활을 갉아먹지 않는다. 괴테는 개를 싫어했지만 그렇다고 괴테가 미쳤던 것은 아니지 않은가." 물론 괴테는 미치지 않았다. 그리고 네르발 당신도 미치지 않았다. 오직 가재만이 미치도록 피곤했을 것이다.

조란의 집은 잠자리와 아침식사를 제공하는 평범한 B&B^Bed & Breakfast다. 똑같은 담요와 똑같은 수건 두 세트가 뚱하게 개켜져 있는 더블베드, 텔레비전 수상기가 들어가 있는 커다란 구식 옷장, 비닐로 된 가짜 가죽을 뒤집어쓴 살찐 소파 하나. 불특정 다수를 위한 숙소답게 개성이 멸균된 방이다. 근무 중에 잠시 회사를 빠져나온 사내 커플이 후딱 정사를 치르고 나갈 것 같은 방. 몇 번을 자고 가도 벽지 무늬나 바닥재 색깔이 전혀 기억나지 않을 듯한 무색무취의 방. 어라, 이 방에 뜻밖의 물건이 하나 있다. 더블베드 옆 협탁에 놓인 책 한 권. 조지프 헬러의 『캐치Catch-22』다. 아마도 어떤 관광객이 놓고 간 것일 테다. 그러니 당연히 가져도 무방하리라고 나는 벌써 마음을 정해버렸다. 첫 장을 펼쳤다. "It was LOVE at first sight. The first time Yossarian saw the chaplain he fell madly in love with him." 그것은 첫눈에 반한 사랑이었다. 요사리안은 군목을 처음 본 순간부터 그를 열렬히 사랑하게 되었다…. 내가 두브로브니크에 대해서 하고 싶은 말이 적혀 있다. 불길하다. 사랑에 빠지기 전에는 언제나 불길하다.

커튼을 젖히고 테라스로 나가는 문을 열면 드넓은 바다가 눈앞에 펼쳐진다. 온통 파란색 입자들이 펄떡거린다. 베르메르의 울트라마린 색깔을 닮았다. 그는 라피스라줄리, 청금석을 곱게 갈아 아마씨 오일을 섞어 울트라마린을 만들었다. 화가를 보조하는 부주의한 종

조지프 헬러, 캐치-22 때는 제2차 세계대전. 지중해 연안 피아노사 섬에서 복무 중인 공군 대위 요사리안의 지상 최대 목표는 하루 빨리 제대해 집으로 돌아가는 것이다. 그는 이 목표를 이루기 위해 온갖 미친 짓을 해보지만, 캐치-22 조항에 걸려 매번 실패하고 만다. 조항에 따르면 정신이 상자는 제대가 허용된다. 하지만 자신이 미쳤다는 사실을 아는 미친 놈은 제대로 미친 게 아니다. 요컨대 제대를 요청할 정도의 정신을 가진 사람이라면 제대 요건을 충족하지 못한다는 얘기다. 이렇듯 '절대적 단순성'이 지배하는 세계에서 소설 속 인물들은 결국 하나 둘 처참한 죽음을 맞게 되고 요사리안은 중요한 선택의 기로에 선다. 혼을 쏙 빼놓는 블랙 유머, 동시에 사람 찜찜하게 만드는 풍자의 진수를 느낄 수 있는 작품.

복이 값비싼 안료를 실수로 바다에 쏟아버린 것만 같아 내 애간장이 다 탄다. 이를 어째. 마른 한숨만 나온다. 바다의 날내가 코를 찌른다. 이 바다에는 짠 냄새가 없다. 그저 차가운 사파이어 냄새가 날 뿐이다. 이 바다는 뭔가 꽁치적이거나 고등어적이지 않다. 미안하지만 여기에는 그런 미천한 것들 대신, 신비롭고 고귀한 존재가 살고 있을 것만 같다. 미하일 브루벨의 그림 속에 나오는 백조공주 같은. 아, 이를 어째. 또 한숨.

조란네 집에는 고양이가 있다. 이름은 미쯔꼬. 고양이를 좋아하지 않긴 해도 녀석의 이국적인 이름이 작은 호기심을 불러일으킨다. 뭔가 색다른 점이 있나 찬찬히 살펴보았지만 여기도 뒤룩뒤룩, 저기도 뒤룩뒤룩, 도무지 비밀 같은 걸 간직할 만한 체형이 아니다. 미쯔꼬의 둔부는 그야말로 찐빵처럼 희고 둥글고 푹신해 보인다. 이름 때문에 암컷인 줄 알았는데 조란 말로는 수컷이란다. 길거리 출신이라 놀던 가락도 있고 해서 아예 거세를 시켰다고 한다. 두브로브니크에는 길거리를 떠돌아다니는 고양이들이 많다. 그래서 행인들을 깜짝깜짝 놀라게 만든다. 미쯔꼬는 테라스에 욕실 깔개처럼 드러누워 있다. 비록 타의에 의해서지만 거추장스러운 욕망을 폐기처분해버리고, 녀석은 그저 먹고 자는 두 가지 활동만으로도 만족스럽게 잘살고 있다. 미쯔꼬는 의도하지 않았지만 선정적이다. 유학에서 욕망은 칠정七情 중 하나이고, 욕망을 끝없이 부채질하는 것을 가리켜 선정煽情이라고 일컬었다지. 녀석의 한가로운 자태는 단순한 삶을 원하는 나의 욕망을 펄럭펄럭 부채질한다. 부아가 치밀 정도로 놈이 부럽다. 이젠 고양이 따위를 질투하는 거냐.

　　　　여기는 주인집 옆에 투숙객을 위한 방 두 개와 욕실이 나란히 붙어 있는 구조라서 미쯔꼬는 우리 방 앞에 있는 테라스를 제 집처럼 드나든다. 조란 부부와 아이들은 아래층에 따로 살고 위층에는 조란의 부모님과 독신인 형이 산다. 그래서 미쯔꼬뿐만 아니라 조란의 형도 가끔 예고 없이 우리 구역을 침범한다. 나는 조란의 형을 처음 본 순간부터 그를 열렬히 증오하게 되었다. 말이 좋아 독신이지 냄새 풀풀 나는 중늙은이다. 그는 원양어선을 타던 소싯적에 한국에 여러 번 가본 적이 있다면서 포항이나 부산 같은 도시의 이름을 입에 올렸다. 꺾은선 그래프처럼 말을 불연속적으로 내뱉는 사람이다. 동생만큼 자연스러운 친화력을 가지고 있지 못하다. 내가 그를 싫어하는 이유는 다른 것 없다. 그는 미쯔꼬만큼이나 예의가 없다. 그는 벽이다. 개미새끼 한 마리 드나들 틈이 없는 콘크리트 벽! 벽창호! 조란의 형을 동베를린과 서베를린 사이에 세워두었다면 독일은 절대로 통일될 수 없었을 것이다. 아무리 강력한 끌과 정으로도 이 벽을 허물 수 없다. 그의 활약상을 지켜보시라.

발바닥 없는 것들

겨자씨 같이 조그맣게 살면 돼
구겨진 휴지처럼 노래하면 돼
라디오 소리도 거리의 풍습대로 기를 쓰고
크게만 틀어놓으면 돼
모자라는 영원永遠이 있으면 돼

- 김수영 '장시長詩'

우리는 죽음의 666을 기다시피 내려갔다. 처음은 두렵다. 그러나 이내 익숙해진다. 다행히 이 계단의 끝에는 지옥이 아니라 천국이 있다. 칼로리를 소비한 만큼 식욕이 용솟음쳤다. 항구 바로 앞에 있는 커다란 레스토랑으로 들어갔다. 완전히 노천식당은 아니지만 삼면이 뚫려 있어서 갑갑하지 않고 상쾌하다. 정어리 등등을 차갑게 조리한 콜드 피시 모듬 세트와 얇게 발라낸 농어찜 요리를 시켜서 둘이 나눠 먹었다. 뼈도 없이 부드러운 살점이 몇 번 씹기도 전에 냉큼 녹아버렸다. 나는 피보pivo(맥주), 비노 양은 늘 그렇듯 비노vino(와인) 한 잔을 마셨다. 워낙 와인을 좋아해서 붙여준 별명이다. 음식 양이 별로 많지 않아서 살짝 불만이었지만, 그래도 대단히 절묘한 맛이었다. 적어도 이건 수족관 생선들이 아닐 거라는 믿음이 있어서인지 몰라도 살을 씹을 때마다 신선한 기운을 흡수하는 기분이었다.

약간의 알코올과 단백질로 금세 원기가 회복되었다. 이렇게 사는 건가 보다. 미쯔꼬처럼. 정약전은 『자산어보』에서 말라빠진 소에게 낙지 서너 마리만 먹여도 벌떡 일어난다고 적었다. 초식동물에게 낙지라니. 조금 의아하긴 하다. 하지만 조상의 지혜를 의심해서는 안 된다. 바다에서 나는 것들은 위대하다. 그들의 어머니 바다는 자궁 없이도 자애롭게 생명을 품는다. 그래서 때때로 사람들은 홀린 듯이 편안한 얼굴을 하고 바다로 걸어 들어가는 것일까. 어머니 바다의 품에 영원히 안기기 위해서.

식사를 마친 후 자유시간을 갖기로 했다. 비노 양은 구시가지의 성곽을 한 바퀴 돌아보겠다는 원대한 계획을 세워 놓았다. 천성이 야심도 없고 의지가 박약한 나는 가까운 해변에서 『Catch-22』를 띄엄띄엄 읽거나 태닝을 하면서 생선을 소화시킬 요량이다. 아무리 구시가지가 작다지만 성벽의 총 둘레는 2킬로미터 남짓 된다. 내 눈앞에 세상에서 제일 멋진 바다가 있는데 지금 당장은 꼼짝도 하고 싶지 않다. 나는 분명히 아무것도 하지 않을 권리가 있다. 여기서는 가부좌를 틀든 다리털을 뽑든 뭐라 할 사람 아무도 없다.

집을 나서기 전에 주방에서 기다란 체크무늬 타월을 빌려 왔다. 해변에 깔고 누우면 좋을 것 같아서 비노 양과 내가 하나씩 쓰려고 두 장을 챙겼다. 그런 뒤 목이 말라서 냉장고 문을 열고 안을 살폈다. 물론 조란의 어머니가 허락한 사항이다. 어머니는 주방에 있는 모든

정약전, 자산어보 정약용의 형인 정약전이 1801년 신유사옥辛酉邪獄으로 전라도 흑산도에서 유배생활을 하는 동안 집필한 한국의 어류 백과사전. 흑산도 근해의 어류를 채집, 조사하여 155종의 수산 동식물에 대한 명칭과 분포, 형태, 습성 등을 기록했다. 정약전은 당시 조정에서 금기시한 천주교를 믿어 1801년부터 흑산도와 우이도를 오가며 15년 동안 유배생활을 해야만 했다. 이 어려운 상황 속에서도 그는 흑산도 마을에 서당을 차리고 후학을 양성하며 우리나라 최초의 수산서적인 『자산어보』를 남겼다.

물건을 자유롭게 써도 좋다고 하셨다. 투박한 손 하나가 어깨를 두드렸다. 위와 간이 쌍으로 떨어지는 줄 알았다. 홱 돌아보았더니 조란의 형이 서서 기분 나쁜 미소를 짓고 있었다. 젠장, 짜증이 났다. 말로 부를 것이지, 왜 소리도 없이 다가와서 남의 어깻죽지에 지문을 묻히느냐 말이다. 생긴 건 꼭 상한 스끼다시 같아가지고. 어딘지 모르게 께름칙한 아저씨다. 나는 머릿속에 떠오른 조란의 형 얼굴에 굵은 왕소금을 뿌리고 공기 중에 참을 인忍자 세 개를 꾹꾹 눌러 썼다.

그늘 하나 없는 높다란 성벽 아래 타월을 깔고 누웠다. 드라큘라에게 마늘과 십자가가 있다면 나에겐 자외선 차단제가 있다. 아무도 뚫고 들어올 수 없는 질긴 막을 온몸에 휘감은 기분이다. 외로움도 허무함도 미래에 대한 불안도 막을 한번 쿡 찔러보고는 고개를 저으며 돌아선다. 그중에서 실망해 돌아가려는 외로움을 불러 세운다. 작은 구멍 하나를 내어 특별히 막 안으로 들어오게 한다. 외로움 덕에 염치를 배운다는 것. 그것은 흥미로운 역설이다. 내가 좀 속물스럽긴 해도 염치는 있지 않느냐고 공기들에게 동의를 구해본다. 긍정인지 부정인지 알 수 없는 무심한 침묵뿐. 이곳의 공기는 거의 이동이 없다. 뜨겁지만 달라붙지 않는다. 마치 이상적인 사랑의 방식과 흡사하다. 자꾸만 입에서 변진섭의 〈새들처럼〉이라는 노래의 멜로디가 흘러나온다. 다른 노래를 부르고 싶은데 생각하다보면 어느새 또 이 노래를 부르고 앉아 있다. 촌스럽지만 어쩔 수 없다. 역시 이런 곳에서는 유년의 기억에 새겨진 해묵은 노래가 어울리는 것일까. 이럴 때 입에서 뮤즈Muse나 라디오헤드

변진섭, 새들처럼 "날아가는 새를 바라보면 나도 따라가고 싶어, 파란 하늘 아래서 자유롭게 나도 따라가고 싶어." 익숙한 후렴구를 흥얼거려본다. 이 노래를 모르는 사람이 있을까? 변진섭은 〈새들처럼〉을 비롯해 〈홀로 된다는 것〉 〈너무 늦었잖아요?〉 〈숙녀〉 〈희망사항〉 등을 부르며 80년대 후반과 90년대를 풍미했다. 그랬다. 이문세, 변진섭, 신승훈, 윤상… 등 발라드의 황제들이 가요계를 주름잡던 그런 때가 있었다. 비록 지금은 '아이돌 전성시대' 혹은 '소녀그룹 전성시대'라지만 지금도 나는 기분이 좋을 때면 〈새들처럼〉을 흥얼거린다. 그 어떤 댄스곡도 서정적인 가사와 멜로디를 지닌 이 노래를 대체할 수 없다.

Radiohead가 나온다면 그게 더 미친년인 거다. 쿨하지 못하다는 것에 대한 공포. 이제야 그 도시적인 강박에서 해방된다.

한참을 누워 있었나보다. 따뜻한 햇볕 아래 있으니 졸음을 밀쳐내기 힘들다. 그래도 잠으로 시간을 보내기에는 햇볕이 너무 아깝다. 항구 쪽의 성문에서 반대쪽 필레 성문까지는 스트라둔Stradun이라는 큰 길이 이어져 있다. 이 길 양쪽으로 각종 상점들이 즐비하고 스폰자 궁과 시계탑, 이름 모를 예배당, 오노프리오 분수대, 프란체스코 수도원, 14세기 말부터 지금까지 영업 중인 유명한 말라 브라카 약국 등 볼거리가 많고, 그만큼 구경할 사람들도 많다. 프라하에서 카를로프 교를 여러 번 지나다녔던 것처럼 두브로브니크에서는 이 스트라둔 거리를 자주 왕래했다. 나의 로망 탱크탑과 핫팬츠, 기형적으로 미의식이 발달된 고국에서는 꿈도 못 꾸던 차림을 하고 굽이 약간 높은 뮬을 신었다. 나중에는 발바닥도 아프고 굽이 자꾸 돌 사이에 끼기도 해서 신발을 벗어들고 맨발로 돌아다녔다. 두브로브니크 구시가지에는 시멘트가 없다. 모든 길에 유서 깊은 돌이 깔려 있다. 목격한 세월을 뻐기지 않는 과묵한 역전 노장들. 따끈따끈한 돌 위를 맨발로 걷는 기분은 자지러지도록 황홀하다. 이미 색色을 초월했을 연배의 노인네들이건만, 그들은 점잖게 발바닥을 간질이기도 하고 따끔따끔 찌르기도 하면서 온갖 기교를 다 부린다. 아, 죽어도 좋아. 저절로 그런 말이 새어나온다.

무라카미 류는 고흐가 왜 귀를 잘랐는지 아느냐고 물었

다. 고흐의 문제는 귀만이 아니다. 그는 모조리 성치 못한 사람이었다. 나는 고흐의 측백나무를 보면 썩어 문드러진 손가락들이 춤을 추는 듯 보인다. 고흐의 사정이야 협소한 영혼들이 감히 짐작할 바가 못 되지만, 적어도 인어공주가 왜 성대를 뽑았는지 그 마음은 알 것 같다. 목소리를 버리고서라도 다리는 얻을 가치가 있다. 지금 나는 난생 처음 다리를 얻은 인어공주처럼, 발바닥 있음이 감격스럽다. 그저 이렇게 걸을 수 있다는 사실이 감사하다. 온 세상 발바닥 없는 것들이 가여워라. 한때는 아가미 달린 것들의 삶이 미치도록 질투났더랬는데, 이제는 아가미 천 개를 준대도 발바닥 두 개와 맞바꾸고 싶지 않다.

　　　　플로체 성문 밖에 나와서 다시 신발을 신었다. 서서히 해가 바다 속으로 파묻힐 태세이다. 성문 앞에서 비노 양과 합류했다. 그리고 근처에 있는 슈퍼마켓 K에 가서 저녁거리를 샀다. 스파게티, 오렌지 주스, 맥주, 바게트 따위의 일용할 양식. 전 세계 어느 나라의 슈퍼마켓에 가든지 쉽게 볼 수 있는 싸고 흔한 것들이다. 계산대에 앉아 있는 부스스한 아주머니는 퉁명스럽다. 현지인 특유의 경계하는 시선으로 우리를 흘끔거린다. 내심 이런 푸대접이 반갑다. 어느 나라에 가든지 관광객들 또한 싸고 흔하다. 여행을 하다보면 나를 비롯한 관광객의 존재에 신물이 날 때가 있다. 아마 그래서 나는 그런 이방인이 되지 않으려고 헛되게 버둥거렸던 것 같다. 하지만 그런 땜질한 자존심보다 차라리 조금 서먹한 이질감이 더 자연스럽다는 것을 이제야 알겠다. 이방인이 된 처지를 인식할 때마다 '지금 여행 중'이라는 사실이 한층 더 선명하고 절실하게 다가온다. 덕분에 관성의 노예가 되어 권태에 휩쓸리는 대신, 좀 더 의욕적으로 여행할 수 있는 힘을 얻는다. 왜 그렇게 어리석은 발악을 했을까. 이방인은 이방인일 때 가장 어울리는 것을.

슈퍼마켓에서 나와 이제 또 죽음의 666을 오를 차례이다. 아닌 게 아니라 이 계단을 보기만 해도 빈혈기가 느껴진다. 성질 급한 사람이 고개를 홱 젖히며 계단 꼭대기를 올려 보려다가는 삽시간에 뒷목 잡고 자빠지는 수가 있다. 이건 뭐 무늬만 계단이지 암벽 등반에 가까운 코스다. 아, 드디어 〈새들처럼〉 말고 다른 노래가 생각났다. 〈은하철도 999〉! 추억의 노래를 부르며 길고 가파른 계단을 올라가다보니 정말로 미지의 우주정거장을 향해 나아가는 듯한 알 수 없는 기분이 되어버렸다. 짜릿한 모험에 대한 기대감으로 꽉 찬 마음 한구석에 까닭 모를 왜소한 슬픔 한 줄기가 유성처럼 지나가는 것 같다. 하늘의 달만 보고도 가슴이 뭉클해지는 나는 〈은하철도 999〉 속의 바보 같은 '철이'를 꼭 닮았다.

달 주위를 보필하듯 에워싼 수많은 별들이 그리트의 진주귀고리처럼 총명하게 반짝거린다. 아지랑이의 별, 화내는 별, 갉아 먹히는 별, 호기심의 별, 운명이 갈리는 별, 지금부터의 별…. 지금부터의 별은 모든 것이 '지금부터'라고 믿는 사람들이 살고 있는 별이다. 어쩌면 가능할 것이다. 몇몇 사람들의 끝없는 갱신 의지가 정말로 우리 삶의 터전을 바꿀 수 있을지도 모른다. 동참하지는 못할지언정 회의와

냉소로 재를 뿌리지는 말 일이다. 이 순간을 새로 고침. 없던 별이 하나
더 생겼다. 별의 이름은 '두브로브니크의 철이와 메텔.' 불쑥, 집 없는
고양이들이 떼로 지나간다. 남의 진로를 방해하면서도 미안하게 됐다
는 기색 하나 없는 불한당들. 나는 돌벽에 바짝 붙어 숨을 몰아쉰다. 고
양이, 유성, 그리고 시간은 항상 소리 없이 지나간다.

질소 같은 여자

You are not hardcore,
unless you live hardcore.
‒ School of Rock
You can't be funky if you haven't got soul.
‒ Bush Tetras

주방에 들어가 분주히 저녁 준비를 했다. 저녁 준비라고 해 봤자 가스레인지에 냄비를 올려 물을 끓이고 컵과 포크 등을 쟁반에 늘어놓는 것 정도의 일이다. 쫄깃하게 삶긴 스파게티를 접시에 옮기고 소스를 뿌린 다음 쟁반에 담아 들고 나왔다. 그리고 테라스에 있는 테이블에 조촐한 저녁상을 차렸다. 이미 주위는 새까맣다. 이제 아드리아 해의 흑진주를 감상할 시간이다. 손을 뻗으면 만져질 듯 달이 가깝다. 처절한 음기陰氣가 테이블 위에 놓인 맥주를 차갑게 식혀준다. 우리는 입안에 스파게티를 말아 넣으면서 눈으로는 바다를 포식한다. 화려하게 불을 밝힌 구시가지를 벨벳 망토처럼 폭 감싼 검은 바다. 그리고 바다 위에 드문드문 떠 있는 작은 고깃배들. 묵묵히 평화롭다. 나는 '디센트 decent'란 단어를 좋아한다. 점잖은 행동거지, 예의바른 말씨, 의젓한 태도, 어지간한 수입, 남부럽잖은 생활, 어엿한 한 끼의 식사. 내가 인생에서 원하는 것들을 모두 이 한 단어로 표현할 수 있다. 지금처럼 이렇게 하루를 무사히 살아내고 감사한 마음으로 decent meal을 마주하고 있으면 미친년 머리채처럼 얽힌 입장들이 가지런히 정리되는 듯하다. 나도 미쯔꼬처럼 최소한의 욕망을 가진 단순한 고양이가 될 수 있을 것만 같다.

　　　　비노 양과 나는 반나절 동안 혼자만의 시간을 어떻게 보냈는지 두런두런 이야기를 나누었다. 여행을 하면서 두 사람이 함께 보내는 시간도 좋지만, 각자 내키는 대로 사용한 시간을 저녁이 되어 맞바꾸는 재미도 쏠쏠하다. 마치 외출에서 돌아온 기숙학교의 여학생들 같은 기분이다. 시내에서 산 머리핀이나 편지지, 초콜릿 따위를 교환하면서 킬킬거리고 흐뭇해하는 기분. 그렇게 재잘거리다가 누가 먼저랄 것 없이 입을 다문다. 세상에 우리 둘 말고는 모두 잠들었거나 다른 행성으로 여행을 떠나버린 것 같다. 지구가 텅 빈 듯 고즈넉하다. 침묵에도 무늬가 있다는 말을 어디선가 읽은 기억이 난다. 고독하거나 지루하거나. 두려움에 짓눌려 있거나 거짓말을 꾸며내는 중이거나. 우리는 여러 가지 이유로 침묵한다. 지금 이 순간의 침묵은 아무 무늬도 없는 순전한 것이다. 텅 빈 지구에 평화가 수북이 쌓여 있다. 평화의 폭탄 세일! 이 평화를 헐값에 사재기해 두었다가 생활이 허무에 틈을 내주려고 할 때마다 얼른 꺼내서 마음을 다잡을 수 있다면.

　　　　슬슬 잘 준비를 해야겠다. 대야에 온수를 받은 다음 아로마 오일을 퐁퐁 떨어뜨렸다. 파리에서부터 하루에 충실히 봉사한 발바닥을 위로하기 위해 꾸준히 이 방법을 썼다. 물이 아주 뜨겁지는 않아도 발바닥을 집어넣으니 스르르 피로가 풀리는 듯하다. 침대에 앉아 마스크 팩을 붙인 다음 텔레비전을 틀었다. 로버트 드 니로의 영화가 나오고 있다. 젊은 드 니로의 얼굴엔 건방진 구레나룻이 붙어 있다. 오른쪽 뺨의 점은 여전하다. 드 니로 영화는 꽤 많이 보았는데 무슨 영화인지 잘 모르겠다. 건성건성 텔레비전에 눈길을 주는 틈틈이 간단한 일기를 적고 내일 하루의 얼개를 대강 짜 보았다. 그런 다음 물에 불어 크루아상 속살처럼 말랑말랑해진 발바닥을 정성껏 마사지했다. 집에서 일할 때는 며칠 동안 머리도 안 감고 아이크림도 걸핏하면 빼먹는 내가 여기서 이러고 있다.

평소엔 여자라는 신분이 그리 달갑지만은 않았다. 많은 경우 그것은 김칫국물이 흐르는 도시락처럼 난감한 현실이다. 늘 몸가짐을 조심해야 하고 욕망을 사려야 하고 본심을 감추어야 한다. 대충 여자 흉내라도 내고 다니려면 싸지고 다녀야 할 짐이 가방 하나 가득이다. 여자의 일생은 지루한 소제 과정이다. 털이란 털은 죄 뽑거나 밀어야 하고 손톱을 적당한 길이로 유지해야 하고 내일이면 다시 해야 할 화장을 매일 밤 지워야 한다. 시치푸스와 맞먹는 노역이다. 물론 그렇게 살지 않으면 그만이다. 하지만 평균의 폭력은 외상적이다. 소심한 사람들은 무의식적으로 외상의 경험을 피하기 위해 통념에 순응하게 마련이다. 그런데 지금은 뭔가 다르다. 유럽에 온 내가 꼬박꼬박 마스크 팩을 붙이고 발 마사지를 하는 것. 이건 사회적인 맥락에서 소외되지 않으려는 몸부림과 좀 다른 것 같다. 그냥 나 자신을 보살피는 것이 보람차고 재미있다. 아무래도 이건 삶보다 여행을 편애하는 습성 때문인가보다. 여행을 할 때는 스스로에게 관대하고 솔직해진다. 엄밀한 의미에서 여행은 삶의 일부일 테지만, 분명 그 두 가지는 확연히 다르다. 여행 중에는 처치 곤란한 자아를 그런 대로 참아낼 수 있고 때로는 즐기기까지 한다. 산소 같은 여자가 아니라도 뭐 어때. 질소 같은 여자는 어떨까? 뭔가 독해 보이고 치명적으로 느껴지잖아.

비노 양이 어서 침대 자리를 고르라고 성화다. 우리는 서로 우선권을 넘기느라 한참 실랑이를 벌인다. 비노 양은 나를 배려하느라 그러는 것일 테고 나는 나대로 곤란한 선택을 피하고 싶어 하는 애매한 기질이 있다. 게다가 침대에서 여러 번 떨어진 전적이 있기 때문에 바깥 자리에 대한 공포가 있다. 그렇다고 안쪽은 괜찮냐 하면 그것도 아니다. 안쪽은 안쪽대로 못질한 관 속에 갇힌 것처럼 답답하다. 결국 우왕좌왕 끝에 내가 안쪽을, 비노 양이 바깥쪽을 차지하기로 결정했다. 불을 끄고 뒤척이다가 J님 생각이 났다. 잠자리에서 『세계의 동화』를 즐겨 읽는다는 그녀. 그녀의 영향을 받아 나도 따라 읽게 된 책인데, 주로 태교나 정서 함양이 아닌 엑소시즘 목적으로 애용하고 있다. 꽤 두꺼운 책이라 기동성은 떨어지지만 각종 퇴마 비법과 솔깃한 민간요법이 그득해서 은근히 흥미롭다. '세상에서 가장 아름다운 100편의 동화와 민담'이라는 부제를 볼 때마다 늘 고개를 갸웃거리지 않을 수 없다. 언제

크리스치안 슈트리히 & 타트야나 하우프트만, 세계의 동화 낭만파 시인 노발리스는 동화를 가리켜 '문학의 경전'이라고 치켜세운 바 있다. 문학이 원초적인 인간 본성에 대한 탐구라고 불린다면 동화 역시 노발리스의 칭송을 받기에 충분하다. 이 말은 동화 속 세계가 언제나 아름답고 훈훈한 것만은 아니라는 얘기이기도 하다. 이 그림책이 기특한 까닭은 좀처럼 보기 드문 여러 편의 동유럽의 동화들을 만날 수 있기 때문이다. 사실적이면서도 상상력을 자극하는 그림들도 읽는 재미를 한층 더해준다. 하우프트만이 장난스럽게 묘사한 마법사와 도깨비, 악인들의 면모를 들여다보노라면 나도 모르게 내 안에 도사리고 있는 친숙한 악의 대자연를 느끼게 된다.

부터 아름답다는 말이 잔혹함과 간교함을 뭉뚱그린 의미로 쓰였지? 이 부제는 동화의 운명을 부정하고 있다. 그래도 타트야나 하우프트만이 5년에 걸쳐 그렸다는 삽화만큼은 전통적인 의미로 세상에서 가장 아름답다는 찬사를 바치기에 조금도 부족하지 않다. 이 책에서 읽은 세르비아-크로아티아 민담 중 하나가 떠오른다. 꽤 으스스하고 조금 슬픈 이야기다.

옛날 옛적 어느 마을에 대장장이가 살았는데 그의 밑에는 두 명의 도제가 일하고 있었다. 모팔모처럼 듬직한 두 젊은이는 사이좋게 한 침대를 썼다. 당연히 한 사람은 침대 바깥쪽에서, 또 한 사람은 벽 쪽에 붙어 갔다. 그런데 언제부터인가 바깥쪽에 자던 친구가 몸이 마르면서 시름시름 앓기 시작했다. "얼마 전까지만 해도 그는 얼굴이 통통하고 발그레해서 한쪽 뺨을 때리면 다른 쪽 뺨이 툭 하고 터질 것만 같"을 정도로 건강한 친구였는데 말이다. 사연인즉슨, 주인집 마님이 밤이면 밤마다 침실에 찾아와서 악마의 고삐를 휘둘러 그를 깨운다는 것이었다. 그러면 그는 말이 되어 그녀를 태우고 들과 산을 지나 마녀들이 연회를 벌이는 곳에 다녀오느라 초주검이 되었다. 날마다 몰골이 피폐해졌던 것은 그 때문이었고, 그게 다 침대 바깥쪽에 자리를 잡은 탓이었다. 결국 이 불쌍한 젊은이는 친구의 도움으로 마녀의 손아귀에서 벗어난다. 영민한 친구는 마녀가 찾아왔을 때 잽싸게 고삐를 빼앗아 그녀의 어깨를 후려갈겼다. 그러자 마녀는 암말로 변해버렸다. 두 친구는 대장간에 불을 피우고 함께 편자 네 개를 만든 다음, 말이 된 마녀의 발에 박았다. 아침이 되어 다시 사람으로 돌아온 그녀는 손과 발에 편자가 박힌 흉측한 꼴로 남편에게 발견된다.

나는 이 이야기를 읽고 한동안 자고 일어나서 손과 발을 살펴보는 버릇이 생겼었다. 하이힐을 신으면 편자를 신은 것 같은 이상한 기분이 들기도 했다. 동화가 잔혹하고 간교한 이유는 우리 주위에 있는 낯설고 평범하지 않은 존재들, 이를테면 사회적 약자나 소수자를 마녀니 거인이니 괴물 따위로 상징화해서 격리하고 소외시키기 때문이다. 그리고 그것이 정당화되는 까닭은 그들이 우리의 안녕을 해치는 존재인 것으로 상정되기 때문이다. 정 그 꼴을 못 봐주겠다면, 그들과의 공존을 도저히 용납할 수 없다면, 매몰차게 쫓아버리지 말고 달래고 어루만져서 돌려보내도 될 텐데. 그래야 뒤탈이 없다더라. 그리고 보면 진짜 위대한 퇴마사는 위로하고 다독일 줄 아는 위마사慰魔師가 아닐까.

공공장소에서의 개인적 두려움

마을 사람들은 서로 시체를 어깨에 메는 특권을 누리기 위해 다투어
가파른 절벽 길을 올라가면서 처음으로
마을 골목들의 황량함과 안뜰의 무미건조함을 느꼈고,
저 익사한 자의 눈부심과 아름다움에 비해 자신들의 꿈이
얼마나 편협한지를 깨달았다.

– 가브리엘 가르시아 마르케스 『세상에서 제일 잘생긴 익사체』

바싹 마른 빵을 커피에 적셔 먹고 샤워를 한 후 집을 나
서니 벌써 12시다. 7쿠나짜리 아이스크림을 쭉쭉 빨면서 적당히 으슥
한 해변을 찾아다녔다. 좀처럼 한산한 곳이 보이지 않는다. 가뜩이나 수
영도 잘 못하는데 이렇게 사람이 많아지고서야 개헤엄이라도 칠 수
있을지 모르겠다. 어떤 사람은 파트라슈처럼 생긴 커다랗고 순한 개를
데려와 오순도순 같이 수영을 하고 있다. 웬만한 인간보다 훨씬 낫다.
조금 전에 입 밖에 낸 '개헤엄'이란 말을 급 취소해야 할 것 같다. 수영
에 자신이 없는 데다가 숱한 마린 보이, 마린 걸(심지어 마린 독까지!) 때
문에 기가 죽은 나는 구석에 찌그러져서 성균관 유림처럼 탁족만 하고
있다. 한편 비노 양은 소리도 없이 미끄덩 입수하더니만 조금도 나무랄
데 없는 수달의 면모를 보여주고 있다. 그녀는 물냉면 속의 삶은 달걀처
럼 말쑥해 보인다.

가브리엘 가르시아 마르케스 외, 세상에서 제일 잘생긴 익사체 해초와 물고기의 잔해를 걸치고 떠
내려 온 거대한 익사체. 마르케스는 이것을 보고 그가 여행한 드넓은 바다와 그 속의 생명체, 그리
고 그가 누린 삶의 영광과 행복을 상상해 거꾸로 올라간다. 마르케스가 누구던가, 인간이라면 누구
나 사로잡힐 수밖에 없는 고독을 이야기하기 위해 최소한 일백 년은 잡고 보는 사람, 한 남자의 눈
부신 삶과 죽음을 상상하기 위해 대양을 무대로 삼아야 직성이 풀리는 사람이 아닌가. 이러한 것을
보면 작가에게 필요한 건 거침없는 필력보다 인생을 긍정하고 찬미할 줄 아는 천성인지도 모른다.

143

나는 물을 무서워한다. 내가 양수에서 살다 나왔다는 게 도저히 믿기지 않을 정도이다. 무의식적으로라도 물이 그리워야 되는 거 아니냐고? 아, 그러고 보니 물에 대한 내 마음은 항상 절절 끓는 그리움이었다. 아마도 두려움이 큰 만큼 그에 대한 반작용으로 결핍감이 더해져서 그럴 것이다. 여름이 되면 햇볕이 제일 뜨거울 때 집 근처 저수지로 출동한다. 기껏해야 허벅지께 오는 물에서 첨벙대는 주제에 수중 벨트, 오리발, 수영 날개까지 철저하게 착용해야 안심이 된다. 그러고서 한 두어 시간 신나게 노는데, 나머지 계절에는 그걸 못해서 병이 날 지경이다.

나는 강원도에서 책을 읽고, 번역을 하며 살아가고 있다. 시골살이의 몇몇 기쁨 중 하나는 그런 것이다. 우리 집에는 전용 풀장도 없고 멋들어진 정원도 없지만 조금만 걸어 나가면 저절로 순환하여 정화되는 저수지와 자연이 알아서 가꾸는 아름다운 산이 지척에 있다. 꼭 소유해야 맛이 아니다. 언제든 아끼고 즐길 수 있는 것이라면 움켜쥐지 않아도 인감도장 찍어놓지 않아도 그건 내 것이나 마찬가지다. 나는 그렇게 생각하고 산다. 풍수지리에서 배산임수 지형을 길지라고 하는 이유도 뭐 별 거 있겠는가. 등 뒤에는 빛깔 고운 조각보를 두르고 눈앞에는 거울처럼 맑은 세숫물을 받아 놓고 사니, 번잡스러운 마음도 자꾸만 산과 물을 닮으려고 용을 쓴다. 그러다 보면 무슨 일을 하든지 어찌 어찌 되겠지, 언젠가는 순리대로 돌아가겠지, 하는 속 편한 생각이 들기도 한다.

그러나 여기는 내 나와바리가 아니고 빈약한 부력과 원초적인 공포를 해결해줄 마법의 부유 장비도 없다. 용기가 나지 않는다. 비노 양은 어서 들어오라고 난리다. 나도 들어가고 싶은 맘이야 굴뚝같다오. 이날을 위해서 거지같은 알약을 먹으며 버텨온 것 아닌가. 신고 있던 샌들을 벗어둔 채 에트나 화산 속으로 몸을 던졌다는 엠페도클레스 생각이 난다. 나 역시 분화구에 들어가는 심정으로 슬쩍 발을 밀어넣었다. 뜨거울 줄 알았는데 소스라치게 차갑다. 이렇게 햇볕이 좋아도 거대한 수역을 덥히기엔 역부족인가 보다. 무릎, 허리, 가슴, 모…옥, 혁, 코까지 쭉쭉 들어간다. 나는 기겁을 하여 바위를 덥석 끌어안고 지네처럼 사지를 버둥거리며 쏜살같이 육지로 올라왔다. 눈 깜짝할 새 벌어진 일이다. 어찌나 서둘렀는지 그새 다리에 시퍼런 멍이 들고 팔은 바위에 긁혀 피가 나고 있다. 상처에 물이 들어가 따끔거린다. 이런 미련한 것. 봉산 같은 것.

절망한 나는 선망의 시선으로 비노 양을 바라보며 홧김에 맥주만 들이붓고 있다. 열 받는데 맥주 한 캔 원샷하고 물에 들어가 방광의 긴장을 풀어버릴까 하는 억하심정까지 든다. 수중 벨트라도 챙겨오는 건데 후회막심이다. 집에서 짐을 쌀 때는 기도 안 차게 우쭐거렸다. 명색이 두브로브니크에서 그런 장비를 사용하면 심히 간지가 안 살 것 같았다. 설마 내가 그 정도 화상이랴 싶었다. 근데 틀림없는 화상이다. 게다가 주제 파악조차 안 되는 진상이기까지. 이 해변에는 유난히 프랑스 사람이 많다. 멋지게 다이빙 솜씨를 뽐내는 남자들이 떼거리로 모여 있다. 평소 같으면 침을 꿀꺽 삼키며 탐스러운 근육과 힘줄에서 눈을 떼지 못했겠지만, 나는 그저 비에 젖은 강아지마냥 처량하게 웅크리고 있다. 불쌍한 외톨이 신세. 우리 자리에서 조금 떨어진 곳에 나 같은 외톨이가 또 있다. 얼마 전까지 친구 사이로 보이는 프랑스 여자 둘이 앉아 있었는데, 지금은 한 친구가 물에 들어가 비노 양처럼 즐겁게 헤엄을 치는 중이고 다른 친구는 나처럼 홀로 남아 맥없이 손을 흔들고 있다. 그렇다. 남겨진 자들이 할 일이란 노인네처럼 손이나 흔드는 거다.

그런데 그녀는 나처럼 한심한 아쿠아포비아 증세가 있는 것 같지는 않다. 자세히 보니 물안경하고 숨대롱에 오리발까지, 스노클링에 필요한 장비를 다 갖추었다. 틀림없이 햇볕에 소독이나 하려고 프랑스에서 이 먼 데까지 공수해온 것은 아닐 터였다. 내가 보기에 그녀는 저만치 떨어진 곳에서 시끌벅적한 세레모니를 벌이며 근육 자랑하는 남자들이 돌아가기를 기다리고 있다. 그녀는 몸피가 좀 많이 넉넉하다. 마음 같아서는 지금이라도 당장 바다에 풍덩 빠지고 싶을 테지만 짓궂은 남자들의 눈에 띄지 않으려고 몸을 사리는 기색이 역력하다. 아이 참, 어서 꺼져라 너희들. 안타까운 마음에 나는 속으로만 그녀를 응원한다. 그녀는 비노 양에게 원한다면 자기 물건을 사용하라고 권했다. 비노 양이 그녀의 장비를 빌려 스노클링을 하는 동안 시끄러운 남자들은 철수할 준비를 한다. 그들은 아무런 가책 없이 벌써 지루해하고 있었다. 비노 양도 나처럼 그녀의 마음을 짐작하고 있었나 보다. 남자들이 돌아가자마자 곧 장비를 돌려주었기 때문이다.

그녀는 설레는 표정으로 장비를 착용하고 다소곳이 바다로 들어간다. 풍만한 물개처럼 우아하다. 물속에서 그녀만큼 자유로운 사람을 보지 못했다. 그녀는 숨대롱을 입에 물고 수면 아래로 곤두박질치기도 하고 한참 후 다시 올라와 백짓장처럼 사뿐하게 가만히 떠 있기도 한다. 물속에 들어가자마자 무식한 연자 맷돌처럼 가라앉는 나와는 너무도 대조적이다. 실로 놀라운 부력이다. 그녀는 모든 살아 있는 자들이 질투할 정도로 눈부시게 아름다운 익사체를 닮았다. 존 에버렛 밀레이가 그린 〈오필리아〉처럼 말이다. 평생 단 한 번도 제대로 익사해 보지 못한 내 삶은 그녀 앞에서 한없이 초라하다. 모든 허영과 가식, 생존을 위한 찌꺼기를 바다 속 깊은 바닥에 전부 가라앉히고 해초처럼 가벼워진 몸으로 둥둥 떠다니고 싶다. 딱 한번만이라도 황홀하게 익사하고 싶다.

사이렌의 농간

여기는 스폰자 궁 앞의 광장이다. 이미 해는 졌고 사람들 숫자도 부쩍 줄었다. 광장 한구석에 설치된 커다란 앰프에서 팝, 샹송, 탱고 등 온갖 국적의 로맨틱한 노래들이 흘러나오며 농염한 분위기를 고조시킨다. 〈펭살로 비엥Pensalo Bien〉과 비슷한 멜로디를 들은 것 같은데 확실하지 않다. "잘 생각해요, 걸음을 떼놓기 전에. 내일이면 돌이킬 수 없을지도 모르니까." 인생의 결단도 탱고의 스텝처럼 아슬아슬하다. 저녁을 먹으며 마티니 두 잔을 마시고, 그것도 모자라 맥주를 주문한 결단이 너무 과했던 것일까? 어째 머리가 어질어질하다. 비옐로 비노bijelo vino, 화이트 와인 두 잔을 마신 비노 양도 구름 속을 걷고 있는 듯한 모습이다. 여행하면서 틈나는 대로 반주를 즐기기는 했어도 과음을 한 적은 없었다. 어쨌든 여기는 객지이고 술에 취하지 않아도 우리는 충분히 독한 방랑기에 취해 있으니까.

구운 새우와 오징어 튀김을 배 터지게 먹었는데도 속이 부대끼지 않고 편안하다. 느긋하게 골목길을 쏘다니는 동안 새우와 오징어가 뱃속에서 다 녹아버렸을 것이다. 구시가지의 골목길은 조붓하고 은밀하다. 상점이 밀집된 곳이 아닌 가정집 골목에는 사람 그림자 하나 보이지 않았지만 어김없이 살림의 증표로서 순결한 빨래들이 휘날리고 있었다. 두브로브니크의 빨래는 예술적인 일상의 전시물이다. 군데군데 거무튀튀한 자국이 있는 오래 된 돌벽과 도화지처럼 새하얀 빨래는 감동적으로 잘 어울렸다. 나는 몇 번이나 그 기품 있는 조화에 감탄했는지 모른다.

우리는 그동안 본성과 전혀 어울리지 않게 해 떨어지면 숙소로 귀환하는 착실하기 그지없는 생활을 해왔다. 그런데 오늘따라 스폰자 광장의 음악이 아깝고, 어스름한 카페의 불빛이 아깝고, 타들어 가는 젊음도, 여행의 자투리 시간들도 모두모두 아까워 어쩔 줄 모르겠는 거다. 그래서 조금 새삼스럽지만, 우리 생애의 한 번뿐인 이 순간을 기념하기 위해 진지하게 커피 한 잔을 마시기로 했다. 스폰자 광장 바로 앞에 있는 노천카페에 자리를 잡았다. 나는 비옐라 카바bijela kava를 시키고 비노 양은 에스프레소를 시켰다. 비옐라 카바는 뜻은 화이트 커피인데 그냥 보통 커피처럼 시커멓고 우유나 크림이 들어간 것 같지도 않다. 비노 양은 개미 눈물만한 에스프레소 한 잔을 단숨에 털어 넣고 웨이터를 불렀다. 그리고 손가락 세 개를 펴 보이며 "트리플! 트리플 에스프레소!"를 외쳤다. 아저씨도 손가락 세 개를 펴면서 "트리플, 트리플"

을 되뇌더니 사라졌다. 비노 양은 트리플 에스프레소가 나오기도 전에 낡은 외투처럼 힘없이 고개를 떨어뜨리더니 잠이 들었다. 어제는 성곽 일주, 오늘은 에너지 소모가 많은 수영을 했으니 피곤하기도 할 것이다. 한편 알코올과 카페인의 농간에 넘어간 나는 기분 좋게 휘청거리며 대략 이맘때쯤 여행자를 덮치는 추상적인 향수의 감정에 휩싸여 있다. 손가방에서 엽서를 꺼내 친구 H와 S를 생각하며 몇 자 적었다. 두브로브니크에서는 보잘것없는 세속의 순간들 하나하나가 모두 물끄러미 시적이다. 보고 있어도 또 보고 싶고 살고 있어도 또 살고 싶은, 이 간절한 기분.

한참 동안 음악을 들으며 앉아 있다가 비노 양을 깨워 집으로 가는 길을 걷기 시작했다. 그런데 항구의 야경이 너무나 아름다워 도저히 발길이 떨어지지 않는다. 검은 바다에서 사이렌 자매°들이 매혹적인 노래를 부르며 우리를 유인하는 것만 같다. 반은 인간이고 반은 새의 형상을 한 이 노래하는 여인들은 항해하는 자를 노래로 굴복시켜 죽음에 이르게 하는 팜므 파탈이다. 오디세우스는 밀랍으로 귀를 틀어막고 사슬로 몸을 돛대에 묶은 덕분에 사이렌의 유혹을 이겨냈다고 철석같이 믿었지만(혹은 믿는 척했지만), 카프카에 따르면 실은 사이렌은 노래하지 않았다. 즉 밀랍과 사슬 때문에 오디세우스가 무사했던 것이 아니라 애초에 사이렌이 노래하지 않았던 것이다. 왜 그녀들은 침묵했을까? 레나타 살레츨은 사이렌이 사랑에 빠졌기 때문이라고 추측한다. 자신의 기지를 과신한 탓에 사이렌의 존재 따위에는 관심조차 없어

사이렌 자매 그리스 신화에 등장하는 바다의 요정Naiads. 상반신은 여자, 하반신은 새의 몸을 하고 있다. 자매는 아름다운 노래로 지나가는 선원들을 유혹해 배를 난파시킨 후 선원을 잡아먹었다. 이타나 섬에 난파된 배의 잔해와 선원들의 뼈가 무덤처럼 쌓여 있다고 할 정도. 사이렌 자매가 모든 남자들을 유혹할 수 있는 건 아니다. 오르페우스의 리라 소리는 사이렌 자매의 마음을 감동시켜 이들의 노래를 멈추게 했다. 오디세우스는 마녀 키르케의 조언을 듣고 자신의 몸을 돛대에 묶고, 선원들의 귀는 밀랍으로 막아 바다를 무사히 건너는 데 성공했다. 경보警報를 뜻하는 '사이렌'이 바로 이 사이렌 자매로부터 연유했다.

져버린 오디세우스의 냉혹한 도취와 몰입을 보고 속수무책으로 말려든 것이라고. 사랑에 빠진 자는 목소리를 뺏겨버린다. 그저 멍하니 입을 벌리고 사랑의 대상이 멀리 사라지는 모습을 바라볼 수밖에 없다.

　　　　나는 아직 아무도 사랑하고 있지 않다. 다행인지 불행인지 아직 싱싱한 성대가 남아 있다. 매혹당한 사이렌의 침묵을 짐작해볼 수는 있지만, 내 스스로 갑갑하고 고통스러운 침묵에 갇히고 싶지는 않다. 비노 양과 나는 일심동체로 느닷없이 노래를 부르고 싶어졌다. 지금 여기에 어울리는 짭짤한 바다 노래들을. 엄마가 섬 그늘에 굴 따러 가면 아기는 혼자 남아 집을 보다가… 언제나 찾아오는 부두의 이별이 아쉬워 두 손을 꼭 잡았나… 오륙도 돌아가는 연락선마다 목메어 불러 봐도 대답 없는 내 형제여… 넓고 넓은……!!! 나는 황급히 비노 양의 입을 손으로 틀어막았다. 이것만은 막아야 한다. 비노 양은 이 노래를 끔찍이 좋아한다. 우리 제발 그것만은 부르지 말자. 왜? 저기 좀 봐봐. 나는 전방 10시 방향을 가리켰다. 거기에는 한 남자가 앉아 있었다. 뒷모습만 봐도 그가 우리의 노래를 듣고 있다는 것을 알 수 있었다. 우리의 구성진(?) 노랫가락과 습기를 머금은 바닷바람에 그의 귀가 퉁퉁 불어 족히 세 배는 커져 있는 것 같았으니까. 야밤에 새로운 사건은 사양하고 싶다. 비노 양이 부르려는 노래는 전 세계에 모르는 사람이 없다. 나는 그 노래를 구실로 그가 말을 걸어올 것이라고 직감했다. 영화 〈이터널 선샤인〉의 두 남녀도 쓸쓸한 몬탁 바닷가에서 처음 만났을 때, 이 노래를 화제 삼아 시답잖은 몇 마디를 주고받지 않았던가.

미셸 공드리 감독, 이터널 선샤인 클레멘타인과 조엘은 한때 사랑했던 연인들. 하지만 인간의 사랑이라고 영원할 순 없는 법. 어쩌다보니 두 사람은 서로를 지루해하고, 못마땅해하고, 결국 이들은 이윽고 헤어지게 되었다. 바로 그때, 사랑했던 사람의 기억을 지워준다는 발칙한 사업 아이템으로 살아가는 회사가 있어 그들은 기꺼이 돈을 지불한다. 식어빠진 사랑이라는 악몽으로부터 자유롭고 싶은 것. 〈이터널 선샤인〉은 냉소주의자로 득시글거리는 이 흉한 세상에서 사랑이란 녀석에게 어떤 태도를 취해야 할지를 알려주는 비범한 로맨스 영화이다. 〈수면의 과학〉도 그렇지만, 공드리 씨는 인간의 머릿속에서 진행 중인 사건들을 사랑스럽게 시각화하는 데 천재성을 보인다. 그의 영화를 보고 있자면 한나절보다도 훨씬 여러 차례 뇌의 뚜껑을 따고 그 안에서 벌어지는 일들을 보스리 숙지한 사람처럼 느껴진다.

151

그 모든 기억을 삭제하고 싶어지게 될 거라는 사실을 알지 못한 채 둘만의 히스토리 첫 장을 써나가기 시작하던 순간. 어차피 혹은 기껏해야 각주로 남을 사람이라면 그와의 기억을 삭제해도 무방한 것일까? 우리에게 그럴 권리가 있을까? 아마도 나라면, 조엘처럼 그렇게 끈질기게 저항하지는 못했을 것 같다. 조금 아등바등하다가, 사랑했던 사람이 기억 속에서 소멸하는 모습을 망연자실 바라보기만 했겠지. 기억의 거름망 위에서 버티지 못하고 술술 빠져나가 버리는, 잘디잘게 부서진 시간들만큼 안타까운 것은 없다. 시간들이 부서지는 모습을 보느니 지금은 그냥 이대로 꽁꽁 묶어두고만 싶다. 하지만 풍류에 취한 비노 양은 내 손을 뿌리치고 기어이 노래를 부르기 시작했다. 넓고 넓은 바닷가에 오막살이 집 한 채, 고기 잡는 아버지와 철모르는 딸 있네, Oh my darling, Oh my darling, Oh my darling Clementine, You are lost and gone forever, dreadful sorry Clementine. 이봐 이봐. 내 이럴 줄 알았다니까. 여성 솔로로 시작된 노래는 혼성 듀엣으로 끝을 맺었다. 그 남자는 호시탐탐 끼어들 기회를 노리고 있었던 것이다.

그의 이름은 진Gene이었다. 아일랜드 사람이고 맥주 양조업 일을 하고 있다고 자기소개를 했다. 돌연한 그의 등장에 둘 다 멀뚱하니 가만히 앉아 있으니까, 계속 노래를 불러 달라고 보챈다. 하라면 또 하는 이 철딱서니들은 내친 김에 아리랑까지 불러 제꼈다. 아리랑이 또 좀 슬프나. 누가 등 떠밀어 여기까지 온 것도 아닌데 그냥 아무 이유 없이 고되고 서러워서 찔끔 눈물이 났다. 아리랑이 Korean traditional song이라고 말해주었더니 진은 아일랜드 민요 '대니 보이'를 부르기 시작했다. 이 아저씨도 참 만만찮게 주책바가지다. …… Oh danny boy, Oh danny boy, I love you so. 이번에도 남성 솔로로 시작된 노래는 혼성 듀엣으로 끝을 맺었다. 얼씨구. 둘이 죽이 잘 맞는구나. 나는 처음 듣는 노래였는데 비노 양은 대니 보이를 알고 있었다. Damn danny boy! 처음엔 좀 거시기 하더니만, 함께 이 노래 저 노래 부르다 보니 꺼끌꺼끌한 어색함이 어느새 떨어져나가고 셋 다 기분이 거나해졌다. 진은 맥주라도 한 잔 사게 해달라고 청했고, 우리는 쭈뼛거리면서도 기어이 호기심을 충족시키고야 마는 〈판타스틱 소녀백서〉의 친구들처럼 그를 따라 나섰다.

　　　　맥주를 앞에 놓고 이런저런 이야기를 나누었다. 진은 태권도, 서울, 불고기에 대해 이야기했고 우리는 U2, 블러디 선데이, 조이스에 대해 이야기했다. 서로 국가대표급 선수들을 언급하고 나니 화제가 툭 끊겨버렸다. 지금 같으면 얼마 전에 본 영화 〈원스〉 이야기를 꺼냈을 텐데. 더블린은 어떤 곳이냐고, 정말 그렇게 거리마다 음악이 공기처럼 부유하는 곳이냐고 바보 같은 질문을 던졌을지도 모른다. 만약 그가 〈원스〉를 봤다고 하면 나는 굉장히 반가워하면서 영화가 좋았냐고 물었을 테고, 그가 좋았다고 대답한다면 그를 다시 보았겠지. 진은 사업 때문에 세계 곳곳을 두루 돌아다니는 사람이었다. 두브로브니크에는 형네 가족이 살고 있어서 겸사겸사 들렀고, 독신에 일밖에 모르고 유일한 취미라고는 포커뿐인데 즐기지만 중독자 수준은 아니라고 말했다.

테리 즈위고프 감독, 판타스틱 소녀 백서 이 영화를 본 지도 어느덧 6년이 지난 것 같다. 하지만 아직도 돌출된 때문한 눈이 매력 포인트인 스티브 부세미와 그가 애지중지하던 LP 음반들, 그리고 도라 버지의 거다란 뺑태 안성이 생생히 기억난다. 그때만 해도 한없이 평범하고, 가슴도 납작했던 스칼렛 요한슨은 우리 시대를 대표하는 최고의 스타로 떠올랐다. 하지만 그 사이에도 스티브 부세미의 눈은 계속 돌출 상태를 유지하고 있고, 도라 버지처럼 반항적이었던 나는 여전히 반사회적이다. 〈판타스틱 소녀 백서〉에 등장하는 것들은 하나같이 꾀죄죄하다. 그런데 그게 그렇게 사랑스러울 수가 없다. 그다지 친란하지 않았지만 나에겐 소중했던 청춘이 지나가버린 게 억울하기 짝이 없다. 인생의 역전 만루 홈런을 얻어 맞은 세상의 모든 달빛과 젖들과 다시 한 번 더 보고픈 영화.

머리카락 색깔은 옅은 다갈색, 눈동자가 선해 보이는 사람이었다. 하긴 처음 보는 여자들 앞에서 눈을 살벌하게 치뜨며 나 이혼 두 번 했고 한다하는 타짜요, 이런 식으로 말할 남자는 없겠지.

진은 네덜란드 갔을 때 사온 거라면서 잎담배 피는 법을 가르쳐주었다. 얇은 종이에 담뱃잎을 조금 덜어 고르게 펴고 김밥 싸듯이 돌돌 만 다음 침을 묻혀 붙이면 된다. 처음에는 침을 너무 많이 묻혀 실패했지만 두 번째는 성공적이었다. 순간, 이거 혹시 대마 같은 거 아냐? 라는 생각도 들었지만 어수룩해 보일까 봐 아무 소리 안 했다. 첫 맛은 꽤 강했다. 포기하고 싶었지만 순진해 보일까 봐 역시 아무 소리 안 했다. 꾹 참고 몇 모금 빨아보니 죽을 만큼 독하지는 않았다. 시간이 갈수록 맥주는 위장을 흥건하게 적셨고 고성古城의 밤은 흥청망청 깊어만 갔다. 나중에는 꽈배기처럼 혀가 꼬이고 아무도 검증할 수 없는 이야기들을 되는 대로 지껄였지만 다들 꽤나 즐겁게 낄낄거렸던 것 같다.

스트라툰에는 지나다니는 사람이 거의 없었다. 하지만 꿀벌집처럼 촘촘한 두브로브니크의 골목길로 들어가면 밤새도록 사악한 액체를 제공할 용의가 있는 술집이 얼마든지 있었다. 동이 트기까지 고작 두어 시간이 남았을 때쯤. 진은 자기 집에 가서 한 잔 더 하자는 깜찍한 제안을 내놓았다. 어머, 아저씨 농담도 잘하셔. 우리는 이미 알코올이고 나발이고 만사가 귀찮은 상태였다. 세상과 인간에 대해 모든 흥미를 잃어버렸고, 그저 집에 돌아가 죽음 같은 잠에 빠져들고 싶은 마음

존 카니 감독, 원스 아일랜드 더블린 거리, 노래인지 반악인지 정체를 알 수 없는 소리를 내지르며 실연의 상처를 되끄리는 남자. 후줄근한 꽃무늬 치마를 입고 수리를 받길 진공청소기를 끌고 다녀야 하지만 끊임없이 음악을 생각하는 여자. 시작하는 연인들이 늘 그렇듯이 두 사람이 만들어가야 할 사랑에도 치워야 할 장애물이 만만치 않다. 두 사람은 조물락조물락 열정을 만지작거리다가 결국 사랑을 시작하지 않기로 결정한다. 그건 장애물이 두려워서가 아니다. 그것 또한 그들이 살아가며 감내해야 할 몫임을 받아들인 까닭이다. 하지만 성숙한 절제를 옹호한다고 열정의 가치가 내저지는 건 아닌 법. 영화의 마지막, 두 사람의 열정이 냉동 가공된 피아노가 도착했을 때, 관객들은 그것을 해동시켜야 사랑이 완성되는 건 아니라는 사실을 눈치챈다.

뿐이었다. 옷자락을 잡는 진의 손길을 뿌리치고 야멸치게 택시 문을 닫아 버렸다. 그리고 전래동화에 나오는 것 같은 굽이굽이 아득한 길을 돌아 무사히 귀가했다. 그제야 달님도 안심하고 눈을 감았다.

기분 잡채

해가 중천에 떠 있다. 잠에서 깬 우리는 둘 다 기분이 과히 좋지 못하다. 신체적 숙취도 숙취지만 사회적 숙취가 만만치 않다. 처음 본 남자와 겁도 없이 새벽까지 퍼마신 것도 생각하면 간담이 서늘한 일이고, 무엇보다 집에 들어와 조란의 형과 벌인 실랑이가 마음에 걸린다. 일단 문을 따고 들어올 때부터 어지간히 소란스럽긴 했다. 망할 놈의 열쇠가 가망 없는 몸치처럼 뻣뻣하게 굴었기 때문이다. 간신히 집 안에 들어온 우리는 속옷 차림으로 클렌징크림을 쓱쓱 문지르면서 시시콜콜 수다를 떨어댔다. 물론 조금 시끄럽긴 했을 것이다. 그렇다고 우리가 고성방가를 하거나 청천벽력 같은 폭소를 터뜨린 것도 아니다. 설사 그랬다고 해도 조란의 형이 달랑 사각팬티 한 장만을 착용한 모습으로 노크도 없이 우리 방에 들어와 사감 선생님처럼 호통을 칠 권리는 없다고 생각한다. 우리는 여행객이지 수녀원의 원생들이 아니다. 그는 미친 칠리소스처럼 붉고 맵게 화를 냈다. 그리고 우리더러 내일 당장, 아니 오늘 당장 방을 빼란다. 속옷만 입고 있던 우리는 비명을 지르며 헐레벌떡 담요를 뒤집어썼다. 이게 무슨 무례한 짓이냐고 소리쳤더니 어디서 여자들이 술 먹고 이 시간에 들어오느냐며 되레 적반하장이다. 너무 황당해서 심장이 벌렁덩 나자빠질 지경이었다. 당신이 내 남편이야, 서방이야? 대체 뭐야? 그는 우리가 하는 말은 듣지도 않고 당장 짐 싸서 나가란 말만 남기고 문을 쾅 닫고 사라져버렸다.

그런 연유로 아주 추저분하게, 회복 불가능할 정도로 기분을 잡쳐버렸다. 몇 시간 잔 잠도 잔 것 같지가 않다. 우리는 아직까지 충격에서 헤어 나오지 못하고 테라스에 멍하니 앉아 있다. 조란이 위층으로 찾아와서 도대체 무슨 일이 있었던 거냐고 묻는다. 그래도 조란은 기본적인 예의가 있는 사람이다. 조목조목 이야기를 해줬더니 미안하다고 대신 사과를 한다. 이야기를 하는 동안 또 다시 분기가 탱천한다. "Almost Naked!!" 살 떨리는 절규가 튀어나오고 만다. 조란 말로는 자기 형이 좀 보수적인 성격인데다가 배를 오래 타서 세상 물정을 잘 몰라서 그러는 거란다. 그렇다. 그 아저씨는 원양어선에서 내리지 말았어야 했던 거다. 거기서 『노인과 바다』의 산티아고 노인처럼 꼬장꼬장하게 여생을 보냈어야 한다. 참치들이나 그 괴팍한 성격을 받아줄까. 어디서 감히 소중한 고객한테 히스테리야, 히스테리가.

이런 와중에도 비노 양은 로크롬 locrum 섬에 다녀오겠다

어니스트 헤밍웨이, 노인과 바다 확실히 바다는 남자들의 세계이다. 오디세우스와 에이허브 선장, 그리고 이 미련한 산티아고 노인은 모두 바다에 미친 방랑자들이다. 물론 여자도 인생에 대해 가당찮은 꿈을 꾸기도 하고 엉뚱한 데 집착하느라 세월을 낭비한다. 그렇다고 굳이 소금 비람 날리는 주운 바다로 길을 떠날 생각은 하지 않는다. 적어도 내 경우엔 그렇다. 밥이 짓는 긴 신정 기분 잡치는 일이니까. 그럼에도 불구하고 쪽배를 타고 홀로 바다로 나가는 노인의 뒷모습과 뼈만 남은 거대한 정새치는 허무한 인생과 그 인생에서 사투를 벌이는 가련한 인간을 비유하는 데 있어 더없이 매력적인 오브제다. 현대의 도시인들은 이런 본격 사생결단 모험담을 읽어내기엔 심히 '등 따습고 배부른' 일상을 살고 있다. 태풍 전야의 바닷가는 아니더라도 최소한 바람 부는 옥상에라도 올라가 이 책을 펼쳐보자. 산티아고 노인이 끝까지 미련하게 느껴지지만은 않을 테니까.

며 길을 나섰다. 대단한 여인이다. 나는 모든 의욕과 에너지를 빨판상어에게 빨려버린 듯 해쓱한 얼굴로 테라스에 널브러져 있다. 조란의 어머니가 일찌감치 일어나 빨래를 하셨는지 테라스에 한가득 흰 시트들이 널려 있다. 그것들은 알맞게 살랑거리는 바람의 리듬에 맞춰 한 많은 살풀이를 춘다. 아니지. 저것들이 무슨 한이 있다고. 한恨이니 정情이니 모두 인간의 것일 뿐이다. 조란의 어머니는 무슨 수로 저것들을 널었을까? 테라스 난간에서 1.5미터쯤 앞으로 나가 있는 줄에까지 빨래가 널려 있다. 난간에 아랫배를 단단히 붙이고 상체를 한껏 앞으로 기울인다고 해도 팔이 닿을 것 같지 않다. 그런 곡예를 하다가는 고꾸라져서 추락하기 십상일 것이다. 아줌마 팔은 가제트 팔? 아니면 장대 같은 것을 이용했을까? 어쩌면 저렇게 구김살 하나 없이 반듯할까. 어쩌면 저렇게 갈등 없이 순조로울 수 있을까. 두브로브니크 사람들은 모두 빨래의 장인들인가 봐.

두브로브니크에는 관광객을 위한 소베sobe가 많다. 소베는 '방'이라는 뜻인데 말하자면 민박이다. 당연히 매일 세탁해야 할 시트라든가 수건들이 산더미처럼 나온다. 물론 세탁은 세탁기로 할 것이고 건조는 햇볕이 알아서 다 해주지만 널고 다리고 개키는 일만 해도 보통 일은 아니다. 분명히 조란의 형은 평생 손빨래 한번 해본 적이 없을 것이다. 원양어선에서 세탁기는 돌려 보았을지 몰라도, 이렇게 순도 높은 햇살에 바삭바삭 잘 마른 빨래 냄새를 맡아본 적이 있을까. 깨끗이 설거지한 그릇들을 손가락으로 문질렀을 때 뽀드득 소리가 나는 것을 듣고 속이 후련해지는 기분을 느낀 적이 있을까. 만약 한번이라도 그런 적이 있다면 저 정도로 말 안 통하는 남자가 되지는 않았을 것이다. 살림을 할 줄 모르는 남자는 당최 믿을 수가 없다. 그들은 제 손으로 삶을 가꿔본 적이 없다. 소소한 행복을 업신여기고 공허한 주의를 외치는 남자는 빈껍데기일 가능성이 크다. 껍데기는 가라. 향기로운 흙가슴만 남고 그 모든 쇠붙이는 가라. 조란의 형, 당신도 가라.

죽음의 666을 내려가는데 다리가 제멋대로 풀리려고 한다. 때로는 내려가는 것이 올라가는 것보다 백 배 천 배 더 어렵다. 올라갈 때는 다리가 긴장을 하지만 내려갈 때는 체념을 한다. 체념한 자를 다루기란 여간 어려운 일이 아니다. 인생 막장인데 될 대로 되라지. 그들은 좁쌀막걸리처럼 허연 게거품을 문다. 하지만 막장까지 갔어도 언제나 뭔가 좀 더 있다. 끝이겠지, 싶을 때 뒤통수를 치는 치졸한 그 무엇이 있다. 나는 다리에 바짝 힘을 준다. 체념하면 지는 것이다. 발목이 접질리고 피부가 까지고 미쯔꼬만도 못한 신세가 되는 거다. 오늘따라 선착장을 겸한 항구에는 호객하는 상인들이 많다. 사브타트나 로크롬으로 가는 페리를 선전하는 사람들이다. 지금쯤 비노 양은 로크롬 섬에 있을 것이다. 로크롬 섬에서 바라본 두브로브니크 구시가지의 모습이 절경이라는 말은 많이 들었다. 섬에는 아직도 전쟁으로 인한 폐허의 흔적이 남아 있다고 하는데, 사람들이 많이 다니는 길 말고 혼자 여기저기 들쑤시고 다니다가는 신상에 이롭지 못한 일이 생길 수 있다. 폭탄 제거 작업을 할 만큼 했다지만 절대적으로 안심할 수는 없기 때문이다. 로크롬 섬은 여름 성수기에 누드 비치로도 유명한 곳이다. 모르긴 몰라도 나는 누드 비치가 별로 궁금하지 않다. 기껏해야 살, 살, 살, 털, 털, 털. 그밖에 뭐가 더 있나. 내가 보고 싶은 것은 지루한 육체의 나열이 아니라, 육체를 사용하는 '관계'의 실상이다. 혹은 그러한 관계가 거꾸로 육체에 어떤 영향을 미치는지, 육체의 극단에서는 무엇이 보이는지, 그런 것들이 궁금하다. 보는 내내 눈물이 줄줄 흘렸던 〈숏버스〉˚처럼. 1밀리그램의 관능도 허용하지 않는 기다랗게 빼빼 마른 자코메티의 앙상한 알몸들처럼. 자극하거나 도발하려는 육체보다 뭉클하게 하는 육체가 그립다.

스트라툰 거리를 망연히 걷다가 아무 골목으로나 무작정 들어갔다. 조그만 가게에서 샌드위치와 커피를 주문했다. 샌드위치는 시큼했고 커피는 노파의 쓸개즙처럼 텁텁했다. 메레 오펜하임의 〈모피 아침식사Breakfast in Fur〉˚라는 작품이 떠올랐다. 중국산 가젤 모피로 커피 잔을 제작한 이 작품은 연쇄적으로 구스타브 쿠르베의 〈세상의 근원〉을 떠올리게 한다. 아마 성적인 함의가 있는 작품이라서 그럴 것이다. 모피는 몸에 두르기엔 더없이 고급스러운 소재이지만 음식을 담는 용기의 재료로 쓰이기엔 적합하지 않다. 모피 잔에 커피를 담아 마신다면 이빨 사이로 털이 삐져나올 것이다. 목이 막혀서 캑캑거리게 될 것이다. 평범한 사물에 색다른 소재를 입힌 것만으로 감상자의 눈길을 끄는 재미난 작품이 되었지만, 인간의 소화 능력은 까다롭고 연약하며 지극히 한정적이라는 사실을 불가피하게 상기시킨다. 정신의 소화기관이라

존 카메론 미첼 감독, 숏버스 〈숏버스〉는 채워지지 않는 외로움과 욕망에 몸부림치는 사람들이 모여 은밀한 '집회'를 여는 뉴욕의 언더그라운드 클럽 이름이다. 숏버스 클럽에는 인간의 체액 냄새가 진동하고, 소파 섬유와 커튼 올 사이사이에도 진한 외로움의 냄새가 배어 있다. 문제는 외로운 사람들이 아무리 많이 모여도 외로움이 쉽게 줄어들지 않는다는 것. 이 이상한 법칙에 당황한 사람들은 황망히 섹스를 시도할 뿐이다. '성난 1인치'로 오그라든 페니스를 가진 남자의 이야기 〈헤드윅〉 한 편으로 자부심 넘치는 마이너들의 교주가 된 존 카메론 미첼의 두 번째 작품이다. 대책 없는 고독과 관계의 엇갈림을 이야기하기 위해 섹스를 이용하는 건 그의 스타일이자 특기. 그는 절대로 살살 얘기하는 법이 없다. 언제나 극단까지 밀어붙인다.

할 수 있는 우리의 직관도 객관적 세계를 받아들이는 데 있어 얼마나 불완전하고 자의적인가. 옆 테이블에서는 생선 트럭의 확성기처럼 시끄러운 스페인 기집애들이 수다를 떨고 있다. 무례한 음식 맛보다 그녀들의 수다를 견디기가 더 힘들다. 음식 값을 지불하고 나와 다시 걷기 시작했다.

　　　몇 시간 동안 지도도 보지 않고 맨발로 마구 골목을 헤집고 다녔다. 인상적인 예배당이라든가 아담한 찻집, 오래 묵은 돌집 따위를 수없이 스쳐 지나갔다. 어느 집에서는 구수한 냄새가 풍기기도 했고 흔하디흔해 보이는 화분들을 고심하여 배열해 놓은 집도 있었다. 하지만 끝내 가정집에 사람이 드나드는 모습은 한번도 보지 못했다. 마치 페스트에 몰살된 마을처럼 인기척이 없었다. 오직 새하얀 빨래의 정령들만이 집주인의 존재를 암시할 뿐이었다. 여행에서 돌아와 지도를 여러 번 들여다보면서도 나는 그때 내가 지나쳤던 길의 자취를 복기할 수 없었다. 혹은 기어이 되살려내어서 뭘 어쩌겠다는 것인가, 라는 마음도 없지 않았다. 가방에서 지도나 사진기를 꺼낼 경황도 없이 무슨 생각을 하며 그 오랜 시간 골목을 쏘다녔던 것일까. 아마 이 아름다운 도시에서의 한갓진 방랑도 오늘이 마지막이라는 생각을 하며 지레 마음을 여미고 있었겠지.

　　　필레 게이트로 나가 조용한 해변을 찾기 위해 성벽을 돌았다. 군데군데 피부병 같은 탄흔이 남아 있는 성벽이 오늘따라 조금 아

메레 오펜하임, 모피 아침식사 높이 7.5센티미터의 전복을 연상시키는 오브제. 1936년에 만들어졌고, 뉴욕현대미술관에 소장되어 있다. 이 작품을 보는 순간, 당신은 텁텁하게 목구멍이 막히는 느낌을 받을지도 모른다. 아니면 보피 털이 입술 주변에 덕지덕지 붙어 있는 상황을 떠올리며 에로틱한 상상을 할 수도 있다. 분명한 건 이 작품으로 인해 당신은 모든 게 어울리는 재료로 만들어진, 그리고 어울리는 자리에 있는 일상에서 잠시나마 이탈하게 될 거라는 것. 북슬북슬한 털이 테두리마다 삐어져 나오고 빳빳이 고개를 들고 있는 모피로 만든 찻잔이라니. 심지어 옆에는 모피로 만든 티스푼도 떡하니 놓여 있다. 찻잔 속에 흥건히 젖어들 액체(그것이 커피든 홍차든 혹은 다른 무엇이든)를 상상해보시라. 그리고 털 찻잔에 입술을 대고 그 액체를 홀짝였을 때 촉감이 얼마나 불편할지 생각해보라. 썩 유쾌하지 않다.

파 보인다. 조그맣게 반창고를 잘라 붙여주고 싶을 정도로 깊이 팬 곳도 있다. 종아리 언저리에서 조신하게 찰랑거리는 바닷물을 느끼며 얼마쯤 가만히 앉아 있었다. 어쩌면 저 높은 곳에서 성곽 일주를 하는 사람들이 건포도 한 알 같은 나를 내려다보며 쓸쓸해보인다고 생각했을지도 모르겠다. 어디에도 속하지 않은 점 하나는 불안해보인다. 또 다른 점 하나를 찾아 선분을 만들려 하지 않으니 불온하고 오만하다. 어서 빨리 선분이 되어 도형을 이루고, 도형을 이루어 아늑한 내부를 형성하고 싶은 욕망이 지금 내게는 아주 멀리 달아나버린 것만 같다. 점 하나의 가능성. 혹은 영원히 아무것도 아닌….

평범한 사람들, 아름다운 사람들

I wanna live like common people
I wanna do whatever common people do
I wanna sleep with common people, like you

– Pulp 〈Common People〉

비노 양도 기분이 가라앉아 있다. '마지막'이라는 말은 언제나 가슴을 눅눅하게 한다. 내일이면 또 새로운 곳에 가서 정신없이 싸돌아다닐 테고 넋을 놓고 바라보았던 아드리아 해의 색깔도 금세 기억 속에 가물가물해지겠지만, 지금 당장은 마지막이라는 돼먹잖은 말한마디 때문에 괜히 마음이 끈적거린다. 그래서 때로는 못난 짓인 줄알면서도 마지막을 한없이 유예하고 싶은 기분이 들기도 한다. 쓸데없이 사람을 감상에 빠지게 만드는 나쁜 단어다. 굳이 마지막이란 말로 밀봉하지 않아도 끝날 관계는 시간이 알아서 잘라내 버리고, 지속될 관계는 부러졌던 뼈가 굳듯 눈에 보이지 않는 동안에도 조금씩 단단해지는 중일 텐데. 자꾸만 뭔가를 규정하는 말을 내뱉어서 권리를 행사하려고 하는 몹쓸 버릇이 도진다.

비노 양과 테라스에 나와 맥주를 마시며 하루 일과를 이야기했다. 그런데 비노 양이 충격적인 이야기를 꺼냈다. 새벽에 자다가 무심코 내 몸에 다리를 얹었는데 내가 매몰차게 다리를 확 치우더라는 것이다. 비노 양은 그것이 영 서운했나보다. 얘기를 듣고보니 나도 어렴풋이 기억이 나는 것 같다. 아마 별 생각 없이 다리를 치웠겠지만 비노 양 입장에서는 감정이 실린 듯 느껴졌을 수도 있다. 잠들기 전 몰지각한 조란의 형 때문에 비분강개했던 데다가 그 여파로 신경이 잔뜩 예민해져서 나도 모르게 비노 양의 다리에 화풀이를 했던가 보다. 비노 양, 미안해. 무의식은 때로 말 안 듣는 자식새끼보다 감당하기 힘들다오.

내가 인생에서 죽도록 미워하는 사람이 몇 명 있는데, 아무래도 이번 일로 조란의 형이 순위권에 진입하게 될 것 같다. 누군가를 죽이려는 계획에 집착하면 만수무강에 도움이 된다는 훌륭한 잠언을 들은 적이 있다. 그래서 가끔 주체할 수 없이 어둠의 기운이 뻗칠 때마다 드는 생각은, 이 엄청난 에너지를 생산적인 방향으로 변환시킬 수 있다면 이것이야말로 에너지 효율적인 타나토스의 재활용이 아니겠냐는 것이다. 누군가는 뭐 그만한 일로 그런 섬뜩한 말을 하느냐고, 참으로 뒤끝 무시무시한 여자라고 욕할지도 모르지만 나로서는 그 사건이 대단한 충격이었다. 그리고 이제껏 뒤끝 없다고 자랑하는 사람치고 진짜 뒤끝 없는 사람 못 보았다. 누구든 자기 마음의 생채기는 오래 보듬기 마련이다. 그것이 인지상정이다.

맥주를 제법 넉넉히 사 왔는데도 벌써 달랑 한 캔밖에 남지 않았다. 벌건 대낮부터 맥주를 마시곤 했던 대학 시절이 떠오른다. 피처를 다 비우고 남은 최후의 맥주 한 잔, 최후의 계란말이 한 개가 남았을 때는 세상에서 제일 허전한 기분이 든다. 대체 뭐하자고 그 많은 술을 마셨고 지금도 마시고 있을까? 끝없이 환멸과 실수를 되풀이하면서도 끊지 못하는 것들이 있다. 술이 그렇고 남자가 그렇다. 우라질 인생. 아래층에서 조란네 아이들이 조잘조잘 바쁘게 노는 소리가 들린다. 저 도토리 같은 것들이 커서 지 삼촌 같은 어른이 된다니 인생은 잔인하여라. 아, 이제 그 인간 얘기 좀 작작하자. 하는 사람, 듣는 사람 다 지겹다. 건설적으로 지도를 보며 내일 여행을 위한 마음의 준비나 해두어야겠다.

다음 목적지는 크로아티아 위에 붙어 있는 나라 슬로베니아Slovenia이다. 이 두 나라와 더불어 보스니아 헤르체고비나, 세르비아, 몬테네그로, 마케도니아 공화국이 옛 유고 연방에 속해 있던 나라들이다. 이 지역에서 벌어진 크고 작은 전쟁들은 '발칸화Balkanization'란 신조어까지 등장시켰고 이 용어의 잦은 사용에서도 알 수 있듯이 이제 발칸 반도는 역사 속에서 극심한 민족 분규와 국가 분열의 대표적인 예가 되었다. 사라예보, 코소보, 베오그라드 같은 피비린내 나는 도시들의 이름이 고딕체로 굵게 표시되어 있다. 어쩐지 사뭇 비장해진다. 이 지역의 역사는 굉장히 복잡하다. 내가 알고 있는 지식은 빈약하기 짝이 없지만 요약하자면 대충 이렇다.

1차대전 종전 후 민족과 언어 및 종교 구성이 뒤죽박죽 섞여 있는 나라들을 싸잡아 유고슬라비아 왕국이라는 나라를 급조하였다. 애초부터 분쟁의 씨앗을 품은 이 불안한 왕국은 2차대전 직후 유고슬라비아 사회주의 연방공화국이 되었다. 그리고 1989년 베를린 장벽 붕괴, 이어진 동구권 몰락, 1991년 소련 해체 등의 사건이 꼬리에 꼬리를 물고 일어나면서 유고 연방을 구성하고 있던 공화국들도 제각기 독립을 선언하기 시작했고 이것이 끔찍한 내전의 도화선이 되었다. 가만 있자. 90년대에 나는 뭘 하고 있었나. 주입식 교육에 청춘을 저당 잡혀 수인처럼 살아가는 신세였고 교회 오빠 스토킹, 윤종신의 라디오 프로그램 애청, 친구 S와의 원격 편지질 정도가 내 인생에 주어진 유일한 낙이겠거니 생각하며 겨우겨우 시간을 견디는 중이었다. 그런 내가 세상이 어떻게 돌아가는지 알 리 없었고 관심도 없었다. 아무도 그런 것에 신경 쓰라고 말하지 않았다. 뭐 빠지게 시간을 견딘 결과도 별로 신통할 건 없었다. 세상 모든 교회 오빠는 항상 다른 기집애를 좋아하게 되어 있다는 사실을 알게 되었고, 아시다시피 윤종신은 요즘 경박한 버라이어티의 화신이 되었고, S는 그때보다 더 먼 곳으로 떠나 점점 더 나와 다른 종류의 사람이 되어 가고 있다.

내전기의 유고슬라비아는 거대한 휴지통과 같았다. 사람들의 목숨과 양심, 최소한의 인간성이 마구잡이로 버려졌다. 그중에서도 특히 보스니아 내전 당시 세르비아 인들은 대대적인 인종청소를 거행함으로써 또 한번 인간의 가공할 위생관념과 파괴본성을 확인시켜주었다. 보스니아의 이슬람계와 크로아티아계는 연방에서 독립하길 원했고 세르비아계는 대 세르비아주의를 실현하길 원했다. 두 세력의 갈등은 극단에 치달은 민족주의의 폭발을 야기했다. 결국 이러한 갈등은 무고한 민간인까지 무차별 살상하기에 이르는 참혹한 비극을 불렀다.

보스니아 내전을 소재로 한 영화들 중에 제일 먼저 생각나는 것은 〈그르바비차Grbavica〉(2005)와 〈아름다운 사람들Beautiful People〉(1999)이다. 싱글 맘과 열두 살 난 딸의 이야기인 야스밀라 즈바니치 감독의 〈그르바비차〉도 감동적이지만, 진지함과 엄숙함을 일단 보류하고 한없이 무거워질 수 있는 소재를 색색가지 비치볼처럼 경쾌하게 다룬 〈아름다운 사람들〉이란 영화도 참 좋았다. 지적이고 단아한 M님의 추천이 없었다면 이 평범한 듯 평범하지 않은 사람들의 따뜻한 이야기를 영영 모르고 지나갈 뻔했다(M님, 고마워요). 보스니아 출신인 자스민 디즈더 감독이 연출한 이 영화는 런던 시내버스에서 우연히 만난 두 남자의 난투극으로 시작된다. 두 사람은 눈이 마주치자마자 다짜고짜 멱살부터 잡고 살벌한 육탄전을 벌인다. 이들은 보스니아의 이웃마을 출신인데 한 명은 크로아티아인, 한 명은 세르비아인이다. 서로 상대방(혹은 상대 민족) 때문에 자기 마을이 불탔다고 생각하고 있던 터라 너죽고 나 죽자는 기세로 적나라하게 적의를 표출한다.

또 이런 케이스도 있다. 보스니아에 취재를 하러 간 히긴스 특파원은 일명 '보스니아 신드롬'에 시달린다. 이것은 전쟁의 참

야스밀라 즈바니치 감독, 그르바비차 싱글맘인 에스마는 딸 사라와 함께 사라예보의 그르바비차 지구에서 살고 있다. 사라는 보스니아 내전 당시 에스마가 강간을 당해 낳게된 딸이다. 에스마가 안간힘을 쓰며어 숨기려고 하는 이 사실은 관객들에겐 이미 공공연한 비밀이다. 여자들은 안다. 딸과 엄마의 관계가 얼마나 질기게 애틋한지, 그리고 때론 지긋지긋한지를. 아들은 어머니를 사랑할 수 있지만 온전히 이해하긴 어렵다. 어머니의 가슴을 가장 잔인하게 도려내는 건 그녀들 속속들이 잘 아는 딸들이다. 에스마가 진실을 털어놓는 순간도 사라로 인해 감정이 격하게 고조되었을 때이다. 즈바니치 감독은 첫 딸을 낳고 모유를 수유하며 영화의 각본을 완성했다고 한다. 그래서일까, 영화는 아프고 처절하지만, 끝까지 희망을 놓지 않는 듯한 느낌을 안겨준다.

상을 목격한 이가 자신을 희생자와 동일시하고 희생자의 눈으로 세상을 보는 증상을 말한다. 그는 보스니아에서 폭격을 당한 사람이 마취제나 진통제 없이 무릎 아래를 절단당하는 모습을 보았다. 그 후 런던에 돌아와서 정신이 살짝 이상해진다. "다리만 둘이지 너희는 병신이야." 이런 말을 외친다든가 느닷없이 병원에 뛰어 들어가서 자기 다리를 깨끗이 썰어 달라며 소동을 피운다. 폭격 피해자의 다리를 절단하던 그 자리에 축구광이자 헤로인 중독자인 그리핀이란 청년도 함께 있었다. 그는 축구 경기를 보러 네덜란드에 갔다가 얼떨결에 UN 구호품 낙하산에 실려 보스니아 전장 한가운데 떨어진 형편이다. 그리핀은 마침 갖고 있던 헤로인을 마취제 대신 부상자에게 투여했다. 마약에 취한 환자는 기묘한 황홀경 속에 다리가 썰린다. 눈 깜짝할 새에 다리가 와인 마개처럼 쏙 뽑혀 나간다. 이 장면에서 흐르던 음악이 특히 인상적이었다. 구슬프거나 애끓지 않고, 그렇다고 역설적으로 'What a Wonderful World'라고 외치는 것도 아닌, 그저 담담하게 감정과 판단을 배제한 듯한 음악이 흘렀을 뿐인데 갑자기 가슴이 뻐근해지면서 눈물이 툭 떨어졌다. 마지막 잎새가 떨어지듯 태연하고 심상하게. 그러나 그 눈물 한 방울이 마르기까지는 꽤 오랜 시간이 걸렸다.

　　　　　이 영화가 슬픈 영화냐고 하면 그건 절대 아니다. 오히려 영화는 관객이 심각해지는 일을 최대한 막으려고 아주 발악을 한다. 감독은 예의 바르게 소외당하기보다는 격의 없이 방관자들 틈에 섞여 어울리길 원하는 듯하다. 구태여 경건하려고 안간힘을 쓸 필요는 없다

자스민 디즈다르 감독, 아름다운 사람들　보스니아에 얽힌 갖가지 사연을 안고 사는 사람들의 이야기를 유머와 따뜻한 시선으로 풀어낸 영화. 전쟁의 트라우마는 질기고 단단하다. 우리나라에 아직도 '색깔론'이 유효한 것도 전쟁을 몸으로 겪은 세대가 살아 있기 때문이다. 그럼에도 불구하고 (아무리 이해하려고 해도) 이토록 매혹적인 색깔이 많은 세상에 단 한 가지 색에만 집착하는 건 아무리 보아도 모자라 보인다. 병적이고 편협하다. 전쟁의 상처에서 벗어나는 길은 세상의 모든 색깔들을 인정하는 데서 나온다. 악몽의 도가니로 불리는 보스니아에서 출발한 이 영화가 용케도 유쾌한 까닭은 다양한 사람들을 향한 천진난만한 관심을 잃지 않았기 때문이다.

고, 웃기면 얼마든지 웃어도 좋다고 말하는 것처럼. 대신에 그는 무심한 방관자들이 가끔이라도 보스니아를 기억해주길 바랄 것이다. 처음에는 나 역시 찔끔찔끔 눈치를 봤는데, 영화가 진행될수록 아예 마음의 부담을 덜어내고 흔쾌히 느낌 그대로를 즐겼다.

히긴스 특파원이 보스니아 신드롬에서 벗어나기 위해 최면 치료사를 찾아가는 장면에서 피식 시작된 웃음은 좀처럼 멈추지 않았다. 히긴스 특파원과 치료사의 표정이 압권이다. 치료사는 손가락을 까딱까딱 하며 "My leg stays, Bosnia goes"를 복창하게 한다. 저런 사이비 요법으로 돈만 진땅 받아 처먹는 인간들이 있긴 있구나, 하며 보고 있는데 어이없게도 바로 치유되어 버린다. 제발 최소한의 개연성은 사수해줘! 저런 식으로 갈등이 해결돼선 안 되는 거라고! 그러나 영화는 나의 절규에도 아랑곳없이 자기 식대로 놀기를 그치지 않는다. 아마도 현실의 상처는 그런 식의 우스꽝스러운 해결책으로 치유되기 어려울 것이다. 그러나 씻을 수 없는 상처를 입었다고 해도 목숨이 다하는 날까지 삶은 계속되어야 한다. 유머가 필요한 것은 그 때문이다. 유머는 지우개처럼, 아프지 않을 만큼만 상처를 문질러서 조금씩 희미해지게 만들어주니까.

이 외에도 영화 속에는 여러 명의 인물이 등장한다. 보스니아를 중심으로 저마다 다른 사연을 간직한 사람들의 이야기가 이리저리 얽혀서, 복잡한 기계를 움직이는 톱니 장치처럼 영차영차 맞물려 돌아간다. 때로는 그렇게 얽어놓은 인물들 간의 관계가 퉁명스레 버스럭거리기도 하고 종국에 가서는 터무니없이 봉합된 듯 보이기도 한다. 그렇지만 나는 그것이 억지스러운 해피엔딩이 아니라, 평범해지고 싶어 하는 영화 속 인물들의 의지를 존중한 결과라고 생각했다.

사실 본래부터 그들은 평범한 사람들이었다. 그러나 그들이 보스니아 출신이라는 신분을 드러내는 순간 혹은 어떻게든 보스니아와 얽히는 순간부터 그들은 더 이상 평범할 수 없다. 어떻게 아무 일 없었다는 듯이 보스니아란 이름에서 악몽 같은 혈흔을 벗겨낼 수 있겠는가. 자코메티는 자신을 이해하려면 자신이 나고 자란 곳을 이해해야 한다고 했다. 그 말은 모든 사람에게 해당할 테지만 보스니아의 경우에는 특히나 더 그렇다. 진정한 존중은 '이해'에서 나온다. 그리고 이해는 '관심'에서 나온다.

3대 미스터리

"어디서 햇빛이 끝나고 어디서 별빛이 시작되는지
도무지 난 모르겠어.
정말 미스터리야.
사람이 어떻게 자기 인생에 옳은 일을 결정할 수 있는지도
도무지 난 모르겠어.
정말 미스터리야."

─ 플레이밍 립스 〈Fight Test〉

다음날 새벽 4시 반. 조란의 차를 타고 공항에 도착했다. 혹시나 조란이 일찍 일어나지 못할까 봐 걱정을 했는데 그는 칼 같이 4시 정각에 방문을 두드렸다. 여러 모로 믿음직한 사람이다. 그 형이란 작자에 비하면…(내 뒤끝이 이 정도다). 합쳐서 30킬로그램 정도되는 여행 가방 두 개를 군말 없이 계단 아래까지 날라준 것도 고맙고 시간을 철저하게 지켜준 것도 고맙고 해서 좀 과한 팁을 줬다. 조란이 말한 요금 50쿠나에 잔돈을 탈탈 털어 5유로를 얹어줬다. 이 허튼 선심 때문에 나중에 자그레브에서 민망한 일이 생겼다. 류블랴냐 행 기차를 기다리다가 역사 안에 있는 화장실에 갔는데 돈을 내라는 거다. 요금은 3쿠나. 당연히 우리는 쿠나고 유로고 잔돈이 하나도 없었다. 요금 걷는 할머니가 어찌나 매섭게 째려보는지 무서워서 죽는 줄 알았다. 나는 완전 비굴한 표정을 띠고 굽실거리며 스미마셍, 스미마셍이라고 말할 수

밖에 없었다.

　　출발할 때부터 정확한 시간을 계산해서 예정대로 공항
에 도착했는데, 정작 공항은 아직 문을 안 열었다. 어이가 없다. 공항은
잠을 설친 애처로운 방랑자들을 위한 집이 아니었던가? 이건 크리스마
스 날 문을 닫은 교회만큼이나 배신감 느껴지는 상황이다. 가뜩이나 잠
못 자서 핏발 선 눈으로 야속한 어둠을 노려보았다. 30분 정도 덜덜 떨
다가 5시가 되어서야 실내에 들어갈 수 있었다. 우여곡절이 많았던 두
브로브니크도 이제 안녕이다. 원래 두브로브니크에서는 해마다 7~8월
이 되면 세계적으로 유명한 여름 축제가 열리고 10월 초에는 국제 영화
제가 열린다고 하는데, 우리가 머물렀던 때는 그런 공식적인 행사가 전
혀 없는 기간이었다. 그럼에도 불구하고 두브로브니크는 바다와 햇볕
만으로도 충분히 제 몫을 하는 도시였다. 두브로브니크 여행은 온전한
휴가, 그 자체였다.

　　이제 크로아티아의 수도 자그레브까지 비행기를 타고
가서 거기서 류블랴나 행 기차를 타고 국경을 넘을 예정이다. 간혹 공항
이나 기차역에서 흐르바츠카Hrvatska라는 단어를 보게 되는 경우가 있는
데, 크로아티아 사람들이 자기 나라를 부를 때 쓰는 이름이다. 두브로브
니크는 흐르바츠카의 남쪽 끝에 위치해 있고, 자그레브는 베네치아와
위도가 비슷한 북부 내륙 한가운데 있다. 두브로브니크에서 자그레브
까지 버스를 타고 가면 12시간 정도 걸린다. 해안선을 따라 올라가며

아드리아 해의 경치를 감상하는 재미도 있고, 시간을 잘 조절하여 버스에서 1박을 하면 다음날 낮 시간을 효율적으로 사용할 수도 있다. 우리도 처음에 루트를 짤 때 이 방법을 제일 먼저 고려했으나 아무래도 30대의 최대 복병이라고 할 수 있는 '만성피로'가 마음에 걸려서 계획을 수정했다. 대체로 이 방법은 주머니 가볍고 믿을 건 튼튼한 사지육신밖에 없는 젊디 젊은 학생들이 이용하면 좋다. 기차를 이용하고 싶은 분은 일단 스플릿까지 버스를 타고 가서 기차로 갈아타야 한다. 두브로브니크에는 기차역이 없기 때문이다. 또는 야드로리냐Jadrolinija라는 페리를 타고 환상적인 뱃놀이를 즐기며 리예카Rijeka까지 가는 방법도 있다. 리예카는 자그레브에서 약간 떨어진 항구도시다. 이 방법은 대략 17시간이 소요되지만 중간에 자다르Zadar, 스플릿Split, 흐바르Hvar, 코르츨라Korcula 등 아름다운 섬과 항구를 경유하며 여러 가지 여흥을 제공하기 때문에, 이제 막 장밋빛 콩깍지에 씌어 정신 못 차리는 커플이라든가 아니면 시간에 구애받지 않는 우아한 백수들이 이용하기에 적합한 옵션이 아닐까 싶다. 만약 두브로브니크에서 다음 행선지가 이탈리아라면 페리를 타고 아예 이탈리아로 들어가는 방법도 괜찮을 것이다.

탑승 준비를 하려고 가방에서 티켓을 꺼냈는데 비노 양의 티켓이 이상하다. 강한 열기에 그슬린 듯이 시커메졌는데, 불에 탄 흔적은 없다. 티켓 가장자리가 말리거나 오그라들지도 않았고 오직 표면의 색깔만 엑스레이 사진처럼 검게 변했을 뿐이다. 말 그대로 귀신이 곡할 노릇이었다. 악마의 입김을 쐬었다고밖에 달리 설명할 길이 없다.

야드로리냐 아드리아해를 오가는 가장 큰 페리 회사. 홈페이지(www.jadrolinija.hr)에서 배편을 검색하고 예약할 수 있다. 다만 섬과 섬 사이를 잇는 단기 배편은 인터넷으로 알아보는 게 영 쉽지 않다.

두브로브니크가 너무 따뜻해서 잉크가 녹았나? 조란의 형이 우리를 해 코지하려고 한 짓일까? 허황된 가설들을 주고받아 보지만, 우리가 생각 해도 말이 안 된다. 게다가 희한하게도 내 티켓은 버젓이 멀쩡하다. 크 로아티아 항공 부스에 가서 문의했더니 여직원이 고개를 갸웃거리며 "What happened to your ticket?"이라고 묻는다. 우리는 겸연쩍게 어 깨를 으쓱해 보일 뿐이었다. 사실 이번 여행에서 이성적으로 납득하기 어려운 일이 몇 가지 있었다. 우선 첫 번째 사건은 서울에서 일어났다.

출발 전날 비노 양이 짐을 다 싸고 캐리어를 잠갔는데 미처 챙기지 못한 것이 있어서 다시 캐리어를 열어야 하는 상황이 되었 다. 그런데 비노 양이 비밀번호를 기억해내지 못하는 거였다. 이것저것 가능성 있는 번호로 시도해 보았지만 소용없었다. 차라리 얼른 새 가방 을 사오는 게 낫겠다는 비노 양을 뜯어 말리고 나는 000부터 시작해서 999까지 돌려보자는 미련한 제안을 하였다. 그래 봤자 1000개만 돌리 면 되는 거 아니냐. 요행히 200~300번대에서 걸리면 재수 좋은 거고 뭐 아님 노가다 하는 거고. 700이 조금 지나서 드디어 지퍼 손잡이가 탁! 하고 튀어나왔다. 손가락에 살짝 물집이 잡혔지만 어쨌든 가방 값이 굳어서 보람 있었다.

이 사건이 우리 여행의 액땜이라고 생각했더니만 진짜 재앙은 그 다음날 일어났다. 공항버스 시간에 딱 맞춰 캐리어를 끌고 집 을 나섰다. 근데 현관문을 잠그자마자 갑자기 화장실에 가고 싶어진 것이다. 얄궂은 본능이여. 다시 문을 따고 들어가 신속히 볼일을 보고 나서 레버를 눌렀는데, 보란 듯이 변기가 막혀 버렸다! 휴지도 넣지 않았고 양말을 빠뜨린 것도 아니고 심지어 내용물도 별로 많지 않은데 조금 전까지 잘 내려가던 자식이 왜 갑자기 심술을 부리느냔 말이다. 시간은 빠듯하고, 애간장은 타고, 그렇다고 이대로 그냥 여행을 떠나면 내내 얼마나 찝찝할 것이야. 한 달 후 즐거운 여행을 마치고 돌아왔을 때 비노 양을 제일 먼저 맞아줄 것이 묽게 퍼진 암모니아 덩어리라는 사실이 지금 이 자리에서 확정된다면, 그것은 우리 여행에 좋은 영향을 미칠 리 없었다. 이번에는 비노 양이 문제를 해결했다. 용케도 그녀는 오래 전 〈스폰지〉라는 프로그램에서 보았다는 방법을 기억해 냈다. 우선 변기를 넉넉히 감쌀 만한 커다란 비닐로 변기 위를 봉한다. 황색 테이프로 공기가 들어갈 틈 없이 치밀하게 봉하는 것이 관건이다. 그러다 비닐봉지가 터져서 더 험한 꼴을 보면 어쩌느냐고 근심어린 조언을 했지만 비노 양은 입술을 굳게 다물고 흉악한 범죄자를 다루듯이 철저하게 테이프 붙이는 데만 몰두했다. 떨리는 마음으로 그녀가 레버에 집게손가락을 올렸다. 간사하게도 나는 만약의 경우 있을지도 모를 폭발 사태에 대비해 멀찍이 대피했다. 레버가 내려갔다. 빵빵하게 비닐이 부풀었다. 1500미터 상공의 낙하산처럼 필사적으로 부풀었다. 내 가슴도 콩닥콩닥 부풀었다. 꾸르르르륵. 육개장 한 그릇을 만족스럽게 비운 아버지의 트림 소리 같은 것이 들렸다. 물이 내려갔다! 비노 양은 달 착륙에 성공한 암스트롱처럼 의기양양한 표정을 지었다. 〈스폰지〉가 우리를 살렸다! 덕분에 우리는 홀가분한 마음으로 유럽에 올 수 있었다. 지금도 그때의 긴장

감을 생각하면 오금이 저리고 냄새까지 나는 것 같다. 앞에서 말한 두브로브니크의 티켓 변신 사건이 두 번째 미스터리였다면, 세 번째 사건은 블레드에서 일어날 예정이다.

〈카모메 식당〉* 의 미도리 씨 말마따나 이 세상에는 우리가 모르는 것이 너무도 많다. 끝까지 원인을 밝히지 못한 채 단지 일어났기 때문에 받아들여야 하는 일이 인생에는 널려 있다. 궁금해서 죽을 것 같은 일이 많은 어린 시절에는 그러한 고통을 견디기 어려웠다. 세상이 그다지도 모호하다는 사실을 참을 수 없었다. 더 납득하기 어려웠던 것은 나 말고는 아무도 그런 고통을 겪는 듯 보이지 않았다는 점이다. 주먹밥의 밥알처럼 찐득한 호기심을 가진 사람을 만나고 싶다. 그와 함께 머리를 맞대고 얼토당토않은 해답이라도 궁리하며, 뿌연 세상의 유리창들을 닦아나가고 싶다. 적어도 우리 둘의 세상 안에서만이라도 모든 것이 선명했으면 좋겠다.

오기가미 나오코 감독, 카모메 식당　핀란드 헬싱키의 어느 길모퉁이 작은 식당에 색다르게 생긴 여자들이 모여든다. 그리고 그녀들을 둘러싼 소소한 사건들이 벌어진다. 카모메는 누구나 한 번쯤 꿈꾸었을 법한 동네의 단골 식당이다. 랠프 왈도 에머슨 식으로 말하자면 사람은 누구나 단골 식당이 있어야 한다. 그곳에서 남이 타주는 커피를 마셔야 하고 시나몬 롤과 주먹밥을 먹어야 한다. 그래야 사는 재미가 우러나는 법이다. 단골 식당을 가진 사람은 과묵한 친구 하나를 둔 것과 같다. 혼자 가도 어색하지 않고 주문하지 않아도 늘 먹던 음식이 나오는 곳. 말하지 않아도 위로받은 것 같은 기분을 느낄 수 있는 곳. 너무 '삐까번쩍'하지 않은 길모퉁이 식당이 우리에겐 필요하다.

슬로베니아
류블라냐 & 블레드

류블라냐행 기차는 굉장히 느렸고 커튼이 없는 창문에서는 진주만 폭격 같은 햇살이 쏟아졌다. 온몸이 따가웠다. 커다란 창문을 투과해 들어오는 가학적인 햇살을 받으며 정신없이 졸았다. 자면서도 반쯤 허공에 걸린 정신을 부여잡으며 누가 이 햇볕에 약을 탔나봐, 정신을 놓으면 안 돼, 라고 중얼거리고 있었다. 정신이 몽롱하고 팔다리에 기운이 쭉 빠진다. 국경 지역인 도보바를 넘어서자 슬슬 슬로베니아적인 풍경이 등장하기 시작한다. 기차가 깊은 산속의 계곡을 통과하는 동안 창문에 고마운 그늘이 드리워진다. 나무의 여신이 초록색 물이 뚝뚝 떨어지는 속곳을 오래오래 담갔다가 건져낸 듯 한없이 투명하면서도 푸른 물 빛깔. 슬로베니아는 '동유럽의 스위스'라고도 불린다. 나라의 절반 이상이 숲인 나라이다. 유럽에서 핀란드, 스웨덴에 이어 세 번째로 숲이 많은 나라라고 하니 대충 어느 정도인지 알 만하다.

경계는 불확실해서 매력적이다.
사는 건 어정쩡한 순간들의 연속이
아닌가. 묘하게도 지나고 나면
그런 애매한 순간들이 기억에 많이
남는다. 사귀는 것도 아니고 사귀지
않는 것도 아닌 시기에 가장 마음이
설레고 짜릿하다. 백수도 아니고
일을 하는 것도 아닌 시기에 제일
하고 싶은 게 많고 의욕이 넘치더라.
경계에서 나는 가렵고 애가 탄다.
중간지대에서 한참 동안
뒤뚱거리다가 진심으로 아쉬워하며
새로운 것을 받아들이는 사람.
그게 나란 인간이다.

이 세상에는 영혼이
존재하고, 삶은 운명의
흐름에 지배되는 것일지도
모른다. 모든 기도는 아무리
우스꽝스러운 것을
기원한다고 해도 한없이
숭고하고 순수하다.
매일같이 빌기를 거르지
않으면 죽은 나무에도
꽃이 피는 것이 기도의
힘이다. 어느 책 제목처럼
그 묘지에 묻힌 사람이
누구든 얼마나 외롭든,
적어도 하루에 한 번은
곡진한 위로와 행복을
맛볼 것이다.

속도가 과연 시간을 벌어줄까?
아마 어떤 시간은 벌어주지만 어떤 시간은 오히려 강탈할 것이다.
너무 많이 말해져서 이제는 늘어난 팬티처럼 남루하게 들리는
'느리게 사는 삶'이란 것. 그것이 억지로 물리적인 속도를 늦추는 삶만을
말하는 것은 아닐 테다. 내가 생각하는 느리게 살기란 결국 덜 생산하는
삶이다. 재화와 용역을 덜 생산하면 필연적으로 폐기물과 스트레스도
덜 생산된다. 조금 덜 생산하고 덜 성장한다고 세상이 어떻게 되지 않는다.
그렇게 해서 번 시간을 개인적으로 가치 있는 일들에 사용한다면,
그것이 '슬로우 라이프'의 진심이 아닐까.

사람은 자기 육체에 갇힌 존재라서
외적인 구속이 없는 상황에서도
본능적으로 자유를 소망한다.
사랑한단 말을 자꾸만 듣고 싶어 하는 연인들처럼,
자유는 언제나 부족하기만 하다.

슬라보예 지젝은 현대인을 에워싼 환경은 실재 없는 가상의
것들, 예를 들면 "카페인이 제거된 커피, 지방을 뺀 크림,
알코올 없는 맥주, 아무런 사상자 없는 전쟁을 치를 수 있다는
미국식 전쟁, 정치 없는 정치를 부르짖는 이론들" 따위로
가득 차 있다고 했다. 이러한 가상의 세계는 "실재(알맹이)의
핵심적 저항이 죽어버린 것"이다.
그가 정의하는 '문화'의 개념을 생각한다면 이 실재의
저항이란 것을 좀 더 이해하기 쉬워진다.
지젝에 따르면, 문화는 "정말로 존재한다고 믿지 않고
심각하게 받아들이지도 않으면서 준수하고 있는
그 모든 것들에 대한 이름"이다.

자전거를 타고 빈트가르로 가는 길은
생각보다 굉장히 즐거웠다.
상쾌한 바람,
뺨을 간질이거나 가볍게 후려치는 머리카락의 장난질,
오, 줄리안, 줄리안 알프스.
기어를 바꿀 때마다 철컥 헛기침 소리를 내는
자전거 체인,
허벅지가 날씬해지는 느낌,
잘생긴 가축들, 끝없이 펼쳐진 목초지,
하늘을 향해 수직으로 쭉쭉 뻗은 나무들.
우리가 동경하는 어조로 '전원생활'을 얘기할 때
연상되는 모든 것들이 그곳에 있었다.

수많은 통속 드라마의 사례에서 보듯이, 고백은 자신의 결벽적인
자아를 주체하지 못하고 타인을 고문하는 지극히 이기적인
행위이기도 하다. 진실이 발설된 순간부터 내면의 고통은
고백한 자의 것이 아니라, 고백을 들은 자의 것이 되니까.
굳이 하지 않아도 될 고백 때문에 얼마나 많은 사람들이 쓸데없는
격랑에 휘말리던가. 모든 드라마가 구조적으로 의존하고 있는
허약한 토대는 고백의 남발이라고 봐도 과언이 아니다.
인물들은 무덤까지 가져가야 할 일생일대의 비밀을
카페에서, 호텔방에서, 마천루 옥상에서 아무렇게나 툭툭 터뜨린다.

문득 엄마 생각이 난다.
이제는 달마다 염색을 하지 않으면 머리에 하얀 눈이 내려 애처롭고
쓸쓸해 보이는 우리 엄마. 한때는 누구나 그렇듯이, 조금만 잘못 다뤄도
쨍그랑 깨져버리는 아슬아슬한 젊음과 자존심이 있었을 텐데.
'밥심'이 아니라 그거 하나 믿고 겨우겨우 살았던 시절이 있었을 텐데.
늙어버린 부모에게 자존심이란 말은 젊은 취향의 유치한 귀고리처럼
전혀 어울리지 않는다.
그게 다 자식들 탓인 것만 같아 공연히 처연한 죄책감이 든다.

지젝이라는 늙은 여우

"오늘날의 정치는 점점 더 직접적으로
향락의 정치가 되어가고 있다.
즉, 오늘날 정치는 향락을 부추기거나
통제 또는 규제하는 방식으로 나타나고 있다"
— 토니 마이어스 『누가 슬라보예 지젝을 미워하는가』

드디어 슬로베니아로 간다. 애초 이 동유럽 여행은 슬로베니아로 인해 기획된 것이라 해도 과언이 아니다. 조지 부시가 벌이는 어처구니없는 전쟁에 분노하던 당시, 제목에 이끌려 『이라크: 빌려온 항아리』라는 책을 읽게 되었다. 처음 읽었을 때는 책의 내용을 온전히 이해하기 어려웠지만, 다 읽고 난 후 마음속에 한 문장이 오래 맴돌았다. 지은이는 우리가 할 수 있는 일은 "세계적 자본주의를 가능한 한 인간적인 것으로 만드는 것"이라고 말하고 있었다. 자본주의의 자기증식력은 이미 합리성의 궤도를 이탈하여 소름끼치는 재앙의 양상을 띠게된 지 오래고, 양극화는 점점 더 극심해지고 다양하게 얼굴을 바꾼 파시즘은 한층 더 교활해지고 있다. 많은 이들이 보이지 않는 위협 앞에서 떨고 있다. 그런 마당에 감상적인 아나키즘을 외치거나 냉소의 지적 유희를 벌이는 대신, 세상을 참아줄 만한 정도까지라도 만들어보자는 이

슬라보예 지젝, 이라크: 빌려온 항아리 르네 마그리트의 〈이것은 파이프가 아니다〉식으로 말하자면 『이라크: 빌려온 항아리』는 이라크에 관한 책이 아니다. 하긴 이라크 전쟁이 이라크에 관한 것이라고 말한 사람이 있을까? 이 책은 지젝이 늘 해오던 대로 사회주의 정권이 붕괴한 후 자본주의가 세계화되는 과정에서 벌어진 일련의 현상들에 관한 정신분석학적 고찰의 연장선에 있다(그의 표현대로라면 자신의 "직접적 인상과 반응의 잡동사니"들을 늘어놓은 것이다). 그중에서도 이라크 전쟁을 둘러싼 무의식, 즉 "우리 자신에게 달라붙어 있는지조차 알지 못하는 부인된 믿음들과 가정들"을 파악하려는 시도이다.

야기는 제법 현실적이고 든든하게 들렸다. 그 작은 인연으로, 멋모르는 내가 독특하고 중독성 강한 슬라보예 지젝 Slavoj Zizek의 세계에 겁도 없이 빠져들게 되었다. 불로장생약을 먹었는지 희한하게 스태미나 넘치는 이 동구 출신 철학자에게 거의 종교적인 관심이 생겨버렸다. 그 즉시 열혈 당원으로서 충성을 맹세하고 아리송한 책들을 뭉텅뭉텅 사들이기 시작했다. 불온선전물, 속칭 삐라를 마구 뿌려대신 R님의 영향이 컸다. 물론 그 책들을 다 읽었냐고 묻는다면, 말을 아끼겠다.

『누가 슬라보예 지젝을 미워하는가?』라는 쉽고 친절한 지젝 입문서를 쓴 토니 마이어스의 표현을 빌리자면, 지젝은 끊임없이 놀라는 사람, 대중문화로 철학을 '더럽히는' 철학자, 진실의 '구멍'을 드러내는 부정어법 구사자, 할리우드 영화광, 프랑스 철학통, 오늘날 활동하는 가장 탁월한 사상가이다. 꼬리가 아홉 개도 넘어 보이는 이 유쾌한 '늙은 여우'의 세계를 즐겁게 낑낑거리며 염탐하던 중, 밑도 끝도 없이 그의 모국이라고 하는 슬로베니아의 위치를 지도에서 찾고 싶어졌고 궁금해졌다. 그렇게 모든 일이 벌어졌다. 물론 지금 이 여행은 실질적으로 지젝과 아무 상관이 없다. 나는 여전히 아우라를 답사하는 여행만큼 지루한 것은 없다고 믿는다. 그렇지만 여행을 시작하게 된 최초의 계기만큼은 잊지 않고 있고, 그것은 나름의 의미가 있는 일이다. 지젝을 알게 된 후의 내가 그를 알기 전의 나보다 조금 더 이 세계에 대해 긍정하게 된 것처럼, 이 여행 또한 나를 그렇게 만들어줄 거라고 믿고 있기 때문이다.

토니 마이어스, 누가 슬라보예 지젝을 미워하는가 엘리자베스 테일러가 표독스러운 입담을 과시했던 영화 〈누가 버지니아 울프를 두려워하랴〉를 연상시키는 제목이 눈에 띄는 책. 하지만 마이어스가 막연히 한번 뛰어보려거나 근거 없는 피해의식으로 제목을 지은 건 아닐 것이다. 살만 루시디처럼 숨어서 살아가는 신세는 아니더라도 제법 많은 사람들이 지젝을 미워하거나 폄하한다(주제에 감히!). '저급'한 대중문화로 고매한 학문을 더럽힌다, 그 덕에 대중의 사랑과 명성을 얻었다 등 그를 음해하는 소문이 줄을 잇는다. 모난 돌에 정을 대는 취미는 전지구적으로 공통된 악습인 듯하다. 지젝에 대해 알고 싶거나 그의 세계에 입문하고 싶은 사람에게 적당한 책이다. 재미있고 유익하다. 무엇보다 앞파가 코트처럼 가볍다.

기차 안에 빈 칸이 없어서 어떤 젊은 여자 혼자 앉아 있는 칸에 들어갔다. 그녀는 류블라냐 대학교에 다니는 법학도였다. 주말에 이탈리아 여행을 하고 집에 돌아가는 중이라고 했다. 주말에 이탈리아 여행을 하고 집에 돌아간다… 그런 말을 아무렇지 않게 내뱉는 두툼한 그 입술이 그렇게 얄미울 수가 없었다. 우리도 나중에 로마에 갈 거라고 했더니 침이 마르게 로마 칭찬을 한다. 반면에 슬로베니아는 류블라냐 반나절, 블레드 하루면 충분하다고 혀를 찬다. 슬로베니아처럼 아름다운 나라에 살아도 익숙한 것의 가치에 대해서는 인색한 평가를 내리는 것이 사람인가보다. 그 자체로 너무나 싱그럽고 풋풋하면서도 스스로 못생겼다고 생각하는 사춘기 소녀처럼.

류블라냐행 기차는 굉장히 느렸고 커튼이 없는 창문에서는 진주만 폭격 같은 햇살이 쏟아졌다. 온몸이 따가웠다. 커다란 창문을 투과해 들어오는 가학적인 햇살을 받으며 정신없이 졸았다. 자면서도 반쯤 허공에 걸린 정신을 부여잡으며 누가 이 햇볕에 약을 탔나봐, 정신을 놓으면 안 돼, 라고 중얼거리고 있었다. 정신이 몽롱하고 팔다리에 기운이 쭉 빠진다. 국경 지역인 도보바Dobova를 넘어서자 슬슬 슬로베니아적인 풍경이 등장하기 시작한다. 기차가 깊은 산속의 계곡을 통과하는 동안 창문에 고마운 그늘이 드리워진다. 나무의 여신이 초록색 물이 뚝뚝 떨어지는 속곳을 오래오래 담갔다가 건져낸 듯 한없이 투명하면서도 푸른 물 빛깔. 슬로베니아는 '동유럽의 스위스'라고도 불린다. 나라의 절반 이상이 숲인 나라이다. 유럽에서 핀란드, 스웨덴에 이어 세 번째로 숲이 많은 나라라고 하니 대충 어느 정도인지 알 만하다.

기차는 정말 인간적으로 심하게 느렸다. 일반적인 속도라면 30~40분 정도로 충분할 거리 같았는데 그 시간을 엿가락처럼 줄줄 잡아당겨 세 배로 늘여서 달리고 있었다. 하지만 조급한 사람은 우리뿐이었고 여대생도 역무원들도 지극히 차분한 모습이었다. 유럽에 온 이후 육로로 국경을 넘는 것은 처음이다. 역무원이 들어와 여권을 요구한다. 비자가 필요한 경우도 아니고 해서 별 문제는 없었다. 모든 것이 순조로웠다. 다만 나의 관념이 경계 넘기를 머뭇거리고 있을 뿐이었다. 경계는 불확실해서 매력적이다. 사는 건 어정쩡한 순간들의 연속이 아닌가. 묘하게도 지나고 나면 그런 애매한 순간들이 기억에 많이 남는다. 사귀는 것도 아니고 사귀지 않는 것도 아닌 시기에 가장 마음이 설레고 짜릿하다. 백수도 아니고 일을 하는 것도 아닌 시기에 제일 하고 싶은 게 많고 의욕이 넘치더라. 경계에서 나는 가볍고 애가 탄다. 중간지대에서 한참 동안 뒤뚱거리다가 진심으로 아쉬워하며 새로운 것을 받아들이는 사람. 그게 나란 인간이다.

기차는 아득하고 고요한 숲 속을 달리고 있다. 아니 유영하고 있다. 가끔 창문에 나뭇잎 스치는 소리가 들릴 정도로 기차의 침투는 깊숙하다. 달리는 기차 안에서의 삼림욕이라니. 뜻밖의 호사이다. 어차피 마주앉은 처지에 서로 얼굴만 멀뚱멀뚱 쳐다보기도 뭣해서 여대생과 이런저런 이야기를 나누었다. 내친 김에 지적을 아느냐고 물어보았다. 당연히 '예스'를 기대한 질문이었다. 그녀는 망설임 없이 고개를 젓는다. 나는 그녀의 청각 능력이 의심스럽다는 듯 과장된 입 모양으로 최대한 느끼하게 [z] 발음을 강조하며 다시 한 번 물었다. 하지만 전혀 모르는 눈치였다. 내 발음이 그렇게 후진가? [z]가 연달아 두 번이나 나오는 이름을 발음하기는 정말 쉽지 않다. 이런 발음일수록 일말의 수줍음도 엿보이지 않게 천연덕스러워야 하는데, 비위 약한 비노 양 옆에서 발음하자니 괜히 눈치가 보인다. 요즘 애들은 대체 학교에서 뭘 배우는 거야? 류블랴냐 대학교에 다닌다면서 어떻게 지젝을 모를 수가 있냐고. 슬로베니아에서 최초로 민주적인 선거가 시행되었을 때 대통령 후보로 나오기도 했던 사람인데. 물론 90년 당시에는 이 여학생이 너무 어렸겠지만, 그래도 전 세계적으로 유명한 자국의 사상가를 모른다고 하니 내가 다 섭섭하다.

느끼한 발음 하니까 생각나는 일화가 있다. 이탈리아에 갔을 때 있었던 일인데, 시에나 광장에서 우연히 만난 놈팽이와 두서없는 대화를 나누며 시간을 보낸 적이 있었다. 20대 초반의 그 친구는 사뭇 귀여운 구석이 있어서 심심풀이로 장난질을 받아주게 되었다. 그는 내게 간단한 이탈리아 단어들을 가르쳐주었고 나의 투박한 발음을 비웃으며 극락의 쾌감을 느끼는 듯했다. 그는 자기 얼굴의 시뻘건 자국을 가리키며 '잔자라zanzara'가 한 짓이라고 말했다. 잔자라는 모기였다. 내가 "오, 나쁜 잔자라!"라고 했더니 녀석은 엄지와 검지를 맞붙이고 모기의 비행을 흉내 내듯이 팔랑거리며 다가와 내 볼을 살짝 꼬집는 게 아닌

가. 돌발사고에 당황한 나는 입을 딱 벌리고 아무 말도 못 했다. 이탈리아 남자의 정체는 바로 그런 것이었다. 이탈리아에 가면 첫째도 남자 조심, 둘째도 남자 조심이다. 뭐 굳이 조심하고 싶지 않은 분은 맘껏 즐기시면 된다. 이탈리아 남자와 마시는 커피는 트리플 에스프레소에서도 캐러멜을 들이부은 마끼아또 맛이 날 테니.

잊을 수 없는 견갑골

"날자, 날자, 한 번만 더 날자꾸나."
— 이상 「날개」

　　류블랴나에 도착했다. 극도의 한적함 때문에 기차역 전체가 초현실적인 공간으로 보인다. 데 키리코의 〈거리의 신비와 우수〉라는 그림에서처럼 저만치 몰개성적인 그림자 하나가 나를 물끄러미 바라보는 듯한 기분이 들었다. 그림자의 침묵은 점잖은 방식으로 표현된 환대일까. 아마도 그럴 것이다. 나 또한 너무너무 반가운데 멋쩍어서 아무 말도 건네지 못한 적이 많았으니까. 유로 지폐가 아직 두둑하기 때문에 따로 돈을 뽑을 필요는 없다. 슬로베니아는 동구권에서 유일하게 유로존Euro Zone에 들어가는 나라이다. 인구 200만 명도 안 되는 이 작은 나라는 유럽연합에 속한 기존의 서유럽 회원국들 못지않은 탄탄한 경제 수준을 자랑한다.

　　원래는 류블랴나에서 1박을 할 계획이었고 여기저기 돌

조르조 데 키리코, 거리의 신비와 우수　초록빛 감도는 하늘과 조금은 현기증이 날 만큼 노랗게 빛나는 길. 그 길에 우뚝 선 건물은 짙은 그림자를 드리우고 있다. 건물 사이로 한 소녀가 굴렁쇠를 굴리면서 뛰어간다. 거리 끝에는 한 남자의 그림자가 드리워져 있다. 누구일까. 그 남자는? 그는 오로지 그림자로만 자신의 존재를 드러낸다. 다시 보니 소녀의 모습도 구체적이지는 않다. 길까지 온통 노랗게 만들어버린 강렬한 햇빛 때문에 역광을 받아서일까. 소녀의 모습은 그림자 같은 실루엣으로만 존재한다. 키리코는 초현실주의의 바탕을 만들었다고 회자되는 화가이다. 키리코는 니체를 좋아했다고 한다. 그래서인지 도시의 쓸쓸함과 소름 끼칠 것 같은 고요를 화폭에 담는 데 열중했다. 얼핏 보면 단정하게 정돈된 풍경인 듯하지만 자세히 들여다볼수록 그의 그림은 그로테스크하다.

아다니며 분위기를 느껴볼 작정이었지만, 새벽부터 비행기 타고 기차 타고 여기까지 오느라 몸이 너무 피곤하다. 아무래도 여기서 멈추지 말고 목적지인 블레드까지 가서 오늘밤 시체처럼 푹 자는 것이 더 나을 듯싶다. 슬로베니아에 오는 관광객들은 대부분 류블랴나를 건너뛰고 블레드로 간다. 아쉽지만 나도 그런 안이한 관광객 중의 한 명이 되어야 할 것 같다. 어쩐지 류블랴나를 배신하는 것 같아서 조금 미안하다. 고풍스러운 구시가지 사이로 흐느적거리는 류블랴니차 강의 사진을 본 적이 있다. 파리처럼 세련되거나 베네치아처럼 화려하지는 않았지만 우아하고 원숙한 분위기가 느껴졌다. 그 속에 꿈틀대고 있을 것만 같은 완만한 열정을 확인해보고 싶었는데, 우리 인연은 그냥 여기까지인가 보다.

　　　　　기차역 건너편에 있는 정류장에서 블레드로 가는 버스를 탔다. 혹시 내릴 곳을 놓치는 불상사를 피하기 위해서 운전석 바로 뒷자리에 궁둥이를 걸치고 앉았다. 하여간 노인네처럼 걱정이 무지하게 많은 우리들이다. 살벌한 악력으로 손가방을 움켜쥐고 버스 안을 두리번거렸다. 운전기사는 우디 앨런을 닮은 작고 민첩해 보이는 아저씨다. 그는 살갑지도 않고 무뚝뚝하지도 않게, 딱 중립적인 애정 한계를 지키면서 차에 오르는 사람들한테 인사를 건넸다. 그리고 요금을 받고 거스름돈을 내줄 때는 일일이 '후알라Hvala'를 잊지 않았다. 후알라는 고맙다는 뜻의 현지어인데, 발음이 귀엽고 재미있어서 기회가 있을 때마다 자주 써먹었다.

가만히 지켜보고 있자니, 아저씨는 일견 평범해 보이면서도 꽤 인상적인 사람이었다. 뭐랄까. 자기 일을 매우 즐기는 사람 같아 보였다. 그는 버스 운전을 자신의 소명으로 분명히 인식하고 그 사실에 감사하며 은밀히 기뻐하는 듯했다. 조그만 견갑골이 바쁘게 들락날락하도록 커다란 핸들을 좌우로 힘껏 돌렸고, 그럴 때마다 성냥갑처럼 납작한 몸통이 리드미컬하게 왼쪽 혹은 오른쪽으로 무게중심을 옮겼다. 조약돌처럼 앙증맞은 머리는 잽싸게 양옆으로 움직이며 수시로 백미러를 확인했는데, 그러는 틈틈이 가느다란 오른팔이 운전대 옆에 비치된 기사용 냉장고 문을 열고 재빨리 물병을 꺼냈다가 다시 재빨리 집어넣었다. 그리고 마침표를 찍듯이 가래 섞인 탁한 기침을 뱉어냈다. 그 모든 일련의 과정이 하나의 의례처럼 물 흐르듯 진행되었고 한 치의 오차도 없이 동일하게 끝없이 반복되었다. 지루해 하는 기색이라곤 한 톨도 찾아볼 수 없었다. 한 차례의 루틴이 끝나고 다시 새로운 루틴이 시작될 때마다 언제나 그 모든 작업을 처음 하는 사람처럼 전심전력을 다하고 있었다.

분명 아저씨는 자신의 행동을 의식하지 못하고 있을 터였다. 하지만 내가 보기에 이 기사 양반에게는 어딘가 감탄스러운 구석이 있었다. 흡사 영화 〈남아 있는 나날들〉에 나오는 안소니 홉킨스의 축소된 버전을 보는 듯했다. 안소니 홉킨스가 분했던 집사 스티븐스와 마찬가지로 이 진지한 아저씨의 모습에서 익살을 상상하기란 거의 불가능한 일이다. 영화의 원작인 가즈오 이시구로의 동명 소설에 보면

제임스 아이보리 감독, 남아 있는 나날 앤서니 홉킨스는 성적으로 불구인 남자에 어울리는 인상을 하고 있다(죄송, 홉킨스 씨). 한니발 렉터 박사는 섹스보다 먹는 것, 특히 사람 고기를 먹는 걸 더 좋아한다. 〈하워즈 엔드〉의 부유한 사업가 헨리 윌콕스 역시 섹스보다는 돈을 좋아하게 생겼다. 본래 자본가들이란 섹스 자체보다 섹스 상대를 사는 데 더 흥분하는 부류이니까. 그런 그에게 〈남아 있는 나날〉의 스티븐스 집사 역할은 잘 맞는 옷 그 이상이었다. 그는 오로지 집사로서의 의무를 철저히 이행하기 위해 활활 타오르는 눈빛으로 다가오는 여성을 밀어낸다. 변비 환자처럼 감정의 변동이 극도로 억제된 이 영화에서 스티븐스 집사와 하녀장 미스 켄튼은 딱 한 번 정념을 터뜨린다. 이 구제할 길 없는 강박증자를 농담으로라도 사랑스럽다고 말하기 어렵지만, 그가 자신의 강박을 깨지 않기 위해 필사적으로 방어하고 유지하고 보수하는 촘촘한 세계는 다분히 매력적이다. 혹시 아는가. 그 세계도 나름대로 아늑할지.

205

'익살이 함축하는 결과의 통제불가능성'과 관련하여 재미있는 구절이 나온다. "농담의 본성상, 농담을 해야 할 상황에 이르기 전에 그 농담이 가져올 결과가 어떨지를 판가름할 시간이 거의 주어지지 않는다. 따라서 필요한 기법과 경험을 우선 쌓기 전까지는 온갖 방식의 부적절한 것들을 내뱉게 될 심각한 위험이 있는 것이다." 온갖 방식의 부적절한 것들! 나 또한 농담을 한답시고 얼마나 많은 그런 것들을 입 밖에 내뱉었던가. 모골이 송연하다. 레나타 살레츨의 표현처럼, "그것은 강박증자에게 진정한 공포"이다.

지젝과 마찬가지로 슬로베니아 학파 중 한 사람인 레나타 살레츨은 『사랑과 증오의 도착들』에서 이시구로의 소설을 정신분석학적으로 읽을거리가 많은 풍부한 텍스트로 다루었다. 살레츨의 책은 다루고 있는 주제가 흥미진진함에도 불구하고, 관심과 의욕만으로 읽어낼 수 있는 책은 아니다. 그렇지만 언뜻언뜻 여성 특유의 시각이 날카롭게 돋보이는, 욕망과 충동과 사랑에 대한 이 입체적인 이야기는 대단히 멋지고 명석해서 정말로 놓치기에 아깝다. 남성 호르몬 충만한 지젝의 글과는 또 다른 측면에서 공감하는 재미가 있다. 지젝도 그렇고 살레츨도 그렇고 이렇게 흡인력이 강한 저자들은 책을 조금만 쉽게 써줬으면 하는 간절한 바람이 있다. 진입장벽 때문에 이들의 글을 외면할 수밖에 없다는 것은 대단히 억울한 일이기 때문이다.

그런 의미에서 『세계공화국으로』를 쓴 가라타니 고진

레나타 살레츨, 사랑과 증오의 도착들 원제는 '(Per)versions of Lover and Hate'. 제목처럼 살레츨은 전략적으로 선택한 재료들을 가지고 어그러지고 비틀린 사랑과 증오의 각종 버전을 보여준다. 『남아 있는 나날』, 『순수의 시대』, 영화 〈랩소디〉와 〈메인 속의 사랑〉, 기프카의 단편 『사이렌의 침묵』, 오 헨리의 『기념물』, 제인 캠피온의 〈피아노〉, 페드로 알모도바르의 〈욕망의 낮과 밤〉 등 사용된 재료들은 다소 신선도가 떨어지지만 그녀의 날카로운 분석의 갈질을 거친 결과물은 미각을 잃은 독자의 군침을 돋울 정도로 싱싱한 풍미를 자랑한다.

을 존경한다. 그는 이 책을 고등학생도 읽을 수 있도록 쉽게 썼다고 했는데, 일본 고등학생의 수준이 얼마나 높은지는 몰라도 적어도 성인이 읽기에 대체로 무리가 없는 책인 것만은 분명하다. 우리가 몸담고 있는 자본주의 사회의 기원과 작동 방식을 알고 싶다면 이 책을 읽어보길 권한다. 고진의 책을 읽을 때마다 느끼는 거지만, 하여간 예리한 양반이다. 찔러야 할 곳을 기가 막히게 잘 찌른다. 유머 방면에서는 좀 떨어질지 몰라도, 촌철살인에 관한 한은 누구에게도 뒤지지 않는 뛰어난 '살인자'다. 지적인 호기심을 만족시켜주고 취향에 부합하면서도 쉽고 재밌기까지 한 책을 원한다는 것은 서로 양립할 수 없는 모순적인 희망을 표현하는 것처럼 보이기도 한다. 그런 책을 찾기는 정말 어렵다. 고명하신 분들께 얼른 독자를 위해 자잘한 노동을 감수해 달라고 말하기도 송구스러운 일이고, 동종업계 종사자로서 모든 난관을 번역 탓으로만 돌릴 수도 없는 노릇이고. 이래저래 사바 세계의 삶은 독서조차 자유롭지 못하다.

가라타니 고진, 세계 공화국으로 마르크스는 경제적 계급관계가 소멸하면 국가가 소멸할 것이라고 보았다. 하지만 혁명 이후 국가 권력은 더욱 강화되었다. 고진이 대안으로 제시하는 세계 공화국은 국가들이 주권을 양도함으로써 실립되는 것이다. 국제연합처럼 "국가들을 위로부터 억압하는" 체제인 것이다. 그러나 고진은 이러한 체제가 반드시 실현 가능한 것이 아니라고 말한다. 어디까지나 규제적 이념이라는 것이다. 규제적 이념이란 "무한히 먼 것이라고 해도 그곳에 가까워지려고 노력"해야 하는 이념을 말한다. 두 번이나 유토피아의 종말을 목도한 후에도 이것이 유토피아를 포기하지 않는 지적의 집념이 피어나는 대목이다. 무한히 먼 것을 향해 걸어가기를 마다하지 않는 이 성실한 이상주의자들에게 경의를.

츠르토미로바 18번지

"하룻밤 늦게 온다. 행복은…"
– 다자이 오사무 「여학생」

　　블레드에는 생각보다 관광객이 많았다. 잠깐 들른 류블랴냐의 한적함만 생각하고 있다가 약간 놀랐을 정도이다. 줄리안 알프스 산지에 둘러싸여 있고 호수를 중심으로 마을이 형성되어 있는 지형이라서 즐길 거리가 많은 곳이다. 줄리어스 시저의 이름을 딴 줄리안 알프스는 이탈리아 북동부에서 슬로베니아까지 걸쳐 있는 산악 지대를 말하며, 이 산지의 상당 부분은 트리글라브 국립공원에 포함되어 있다. 블레드 시내에는 각종 레포츠 장비를 대여하고 스케줄을 잡아주는 에이전시가 많다. 패러글라이딩, 패러슈팅(낙하산 하나 믿고 독수리 흉내내기!), 캐녀닝(맨몸으로 협곡에 뛰어들어 급류 타기!), 래프팅, 카약, 승마, 스쿠버다이빙, 산악 바이킹, 암벽 등반 등 이름만 들어도 주눅이 드는 무시무시한 종목들이 버젓이 안내책자에 소개되어 있었다. 그 외에 스키, 골프, 수영, 플라이 낚시 같은 건 기본이고 보트 타기, 하이킹 따위는 아예 애들 장난이다. 알려진 서유럽의 관광지보다 물가는 저렴하면서도 어디에 내놓아도 빠지지 않는 자연경관을 갖춘 덕에 유럽인들의 발길이 끊이지 않는다. 과연 레포츠와 어드벤처, 약동하는 아드레날린의 천국이다. 나같이 몸 놀리기를 어색해 하는 사람은 살짝 기가 죽을 법도 한 분위기. 까짓것, 이런 인간은 이런 인간대로 또 즐길 거리가 있겠지, 라고 속 편히 생각할 수밖에 도리가 없다.

우선 예약한 집이 있는 츠르토미로바 거리를 찾아야 한다. 마침 근처에 오토바이를 탄 아저씨들이 지나가기에 무작정 붙잡고 길을 물었다. 폭주족(?)이라기엔 복부의 팽창이 과도하고 켜켜이 연륜의 흔적이 쌓인 아저씨들은 묻는 길은 안 가르쳐주고 대뜸 어디 유스호스텔이 싸고 좋은데 거기를 가지 그러냐며 딴 소리를 늘어놓는다. 우리가 입을 꾹 다물고 대꾸를 안 하자, 고개를 절레절레 흔들며 저 위로 올라가면 된다고 말하고는 홀연히 사라져버렸다. 우리는 15킬로그램짜리 가방을 질질 끌며 가파른 오르막길을 올라갔다. 책이랑 옷이랑 마음껏 채우지도 못했는데 왜 이리 가방이 비대해졌는지 알다가도 모를 일이다. 여행가방은 위장처럼 조금만 주의를 게을리 해도 어느새 빵빵해져버린다.

소똥인지 말똥인지 정체를 가늠하기 어려운 적나라한 시골 냄새가 코를 자극한다. 근처를 30분가량 헤매고 다녔지만 츠르토미로바 거리는 나타나지 않는다. 지칠 대로 지쳐서 가방에 엉덩이를 걸치고 앉아 쉬고 있는데, 외지인으로 보이는 아저씨 한 사람이 지나다가 말참견을 한다. 그러고는 저기 아래 아일랜드 사람이 운영하는 펍이 있으니 거기 가서 물어보란다. 아일랜드 사람들은 모르는 것 빼곤 다 안다나? 약이 올라서 나도 한 마디 했다. 아일랜드 사람들은 black sheep(망나니, 말썽쟁이)으로 유명하다던데 아저씨도 혹시 아일랜드 사람 아니냐고. 아저씨는 어깨를 으쓱하더니 눈치껏 눈앞에서 사라져 주었다. 별 까투리 같은 애를 다 보겠다 싶었을 거다. 못난 게 뚱해 있음 늙은 호모보다 미움 받는다더니, 내가 꼭 그 짝이다.

　　　　그때였다. 척 봐도 어마어마하게 귀여워 보이는 남자애가 저만치 아래에서 자전거를 끌며 우리 쪽으로 올라오고 있었다. 그 옆에는 키가 크고 늘씬한 여자애가 인절미의 콩가루처럼 달라붙어 있었다. 슬로베니아 현지 꽃소년이 분명했다. 가까이서 보니 우윳빛 피부에 나팔꽃처럼 울긋불긋 핀 여드름이 까무러치게 사랑스러웠다. 이 친구 말에 따르자면 츠르토미로바 거리는 이쪽이 아니라 저 아래로 한참 내려가야 하는 모양이었다. 나쁜 뚱보 아저씨! 괴혈병에나 걸려라. 난감한 상황이다. 꽃소년의 설명에 열심히 귀를 기울여 보지만 좌회전, 우회전이 하도 많이 나와서 무지하게 헷갈린다. 안 그래도 우리는 국가대표급 길치들이 아닌가. 그때 아까 간 줄 알았던 미스터 아이리쉬 오지랖이 데우스 엑스 마키나처럼 생뚱맞게 다시 나타났다. 그러더니 우리를 목적지까지 안전하게 데려다주라고 준엄한 명령을 내렸다. 마치 기사에게 작위를 내리는 샤를마뉴 대제 같은 모습이었다. 혀를 내두를 만한 오버

액션이다. 꽃소년은 그러면 되겠다는 듯이 얼굴이 환해진다. 여자 친구
도 흔쾌히 동의했다. 아저씨는 특대 사이즈의 오지랖을 펄럭거리면서
꽃소년의 등을 두드려주고 "God bless you." 한 마디를 남기고 바람처
럼 사라졌다. 아주 가지가지 하신다.

　　　　비노 양과 나는 소년의 양옆을 에워싸고 정답게 이야기
를 나누며 걸었다. 소년의 이름은 마테우스. 하하하. 마테우스래. 누굴
닮아 이름까지 귀엽니. 마테우스는 묻지도 않았는데 조곤조곤 자기 사
는 이야기를 잘도 풀어놓는다. 살가운 아이다. 어쩌면 그렇게 영어를 잘
하냐고 물었더니 학교에서 배운다고 겸손하게 대답한다. 아, 그럼 너 고
등학생이니? 라고 묻자 슬그머니 말끝을 흐린다. "Ah… something
like that." 흐흐흐. 기면 기고 아니면 아니지, 무슨 대답이 그래. 누나들
에게 늠름하게 보이고 싶은 거야? 그런 거야? 마테우스랑 걷는 동안 나
는 좀 이상해져버렸다. 웬일인지 입이 다물어지질 않고 몸은 전화선처
럼 풀어도 풀어도 자꾸만 꼬이는 중이다. 옆에서 비노 양은 가증스럽다
는 듯 혀를 끌끌 차고 있다. 마테우스는 학교가 파하면 전기톱으로 나무
베는 일을 배우고 있다고 했다. 앞으로 나무 베는 사람이 되고 싶단다.
내가 들어본 그 어떤 장래 희망보다도 근사하다. 이 소년은 행복이 뭔
줄 아는 아이다. 그리고 가라테를 정말 좋아한다면서 치명적인 미소를
지었다. 평소의 나 같으면 가라테는 일본 운동이라고 매몰차게 지적질
을 했겠지만, 대신에 나도 따라 웃으며 플레이밍 립스Flaming Lips의 요시
미 노래를 아느냐고 물었을 뿐이다. ⟨Yoshimi Battles the Pink

Robots〉라는 앨범을 꼭 들어보라고 강력히 권해주었다. 가라테 검은 띠 유단자인 요시미는 비타민을 꼬박꼬박 챙겨먹으며 로봇을 무찌르기 위해 맹훈련하는 열혈소녀이다. 그런데 사악한 천성을 지니도록 프로그래밍된 로봇이 어찌 된 일인지 이 귀여운 소녀를 사랑하게 돼버리고, 늘 그렇듯이 잘못된 사랑의 끝에는 비극이 기다리고 있다.

아, 인생의 떫은맛이여. 너는 그다지도 싱그러운데 나는 부챗살처럼 촘촘하게 나이만 처먹었구나. 꽃소년의 착한 성품과 약간의 호기심에서 발로되었을 봉사정신 덕분에 쉽게 숙소를 찾을 수 있었다. 대화에 정신이 팔려 있다보니 어느새 집 앞이었다. 작별인사를 빌미로 악수를 청하고 염통이 살짝 오그라드는 듯한 달콤한 고통을 느끼며 마테우스를 떠나보냈다. 마테, 너는 너한테 베이는 나무들조차 아프게 할 거야. 함부로 웃지 마.

플레이밍 립스, 요시미 배틀스 더 핑크 로보츠 이 엉뚱한 괴짜들의 음악은 투박한 전자 사운드를 덕지덕지 갖다 붙인 느낌이다. 그런데 그게 굉장히 시정적이고 아날로그적이다. 밴드의 보컬 웨인 코인에 따르면 자기들은 "흥미로운 음악을 만들고 싶어 하는 평범한 사람들"이란다. 뭐, 평범하다고? 그렇게 '평범'한 사람들이 콘서트 백댄서로 유치찬란한 동물 인형들을 대동하고, 화성에서 크리스마스를 보낼 궁리를 하나. 이 밴드와 관련해 재미있는 에피소드가 있다. 2004년 지젝의 재혼 잔치 테마는 히치콕이었다. 이날 축가를 부른 밴드가 바로 플레이밍 립스였다! 플레이밍 립스를 좋아한다니, 지젝 그 양반도 알 만하다.

침낭 로망 환상곡

"체면을 염려하는 신사라면
라임의 스칼렛 우먼(창녀)과
함께 있는 모습을 들켜선 안 되죠."
− 존 파울즈 『프랑스 중위의 여자』

주인아주머니인 안드레야는 반갑게 우리를 맞아주었지만 조금 당황한 눈치다. 원래 우리는 류블라냐에서 1박을 하고 내일 이 집에 오기로 되어 있었기 때문이다. 성수기도 아닌 시기에 방이 없을 거라고는 생각지도 않았는데 태평한 예상이 빗나가고 말았다. 하지만 문제는 곧 해결되었다. 안드레야는 수완 좋은 블레드의 마당발이었으니까. 전화 몇 통을 걸더니 금세 하룻밤 묵을 수 있는 숙소를 찾아냈다. 그리고 아무 걱정하지 말라며 우리를 안심시키고 지도를 보며 블레드에서 갈 만한 곳을 차근차근 짚어주었다.

마테우스를 보면서도 느꼈지만 여기 사람들은 영어를 참 잘한다. 어려운 단어나 표현을 쓰지 않으면서도 정확하게 의사를 전달하고 억양이 자연스럽다. 흔히 서유럽에서 말이 더 잘 통할 거라고 생각하지만 내 경험에 따르면 정반대였다. 단순화의 위험을 무릅쓰고 말하자면 프랑스나 이탈리아 사람들은 영어를 배울 필요를 전혀 못 느끼는 듯 보였고, 자기 나라 말에 대한 자부심이 컸다. 영어가 모국어인 화자들 역시 다른 외국어를 배우려는 의지가 별로 없다. 언어는 기본적으로 소통하려는 욕망을 반영하는 것인데, 기득권을 가진 입장에서 불편을 감수하면서까지 상대의 언어를 배우려고 하는 경우는 그 반대 경우보다 훨씬 드물 수밖에 없다. 우리들이 베트남어나 인도네시아어를 굳이 배우려 하지 않는 것과 마찬가지 원리일 것이다.

전화를 끊은 지 얼마 되지도 않아서 안드레야의 친구 아주머니가 우리를 데리러 오셨다. 굉장히 사근사근하고 약간 조증 증세가 있지만 전체적으로 친근한 느낌이 드는 분이었다. 그녀는 안드레야를 비롯한 다른 친구들처럼 숙박업으로 가정 경제를 살찌우겠다는 포부를 실현하기 위해 얼마 전 대대적인 집 공사를 마친 모양이었다. 보아하니 우리가 그 집의 첫 손님이었다. 그런 연유로 아주머니는 일촉즉발 흥분 상태였다. 반가워해주시는 건 고마운데, 그녀의 차에 타자마자 이 부담스러운 인연을 후회하게 되었다. 그녀는 판단력 대신 열정으로, 손이 아니라 뜨거운 가슴으로 운전을 하는 스타일이었다. 본디부터 후끈거리는 그녀의 심장은 누군가 앞에 끼어들기라도 하면 중국집 화덕처럼 활활 불타올랐다. 급정거 급출발은 기본, 깜박이는 항상 뒤늦게 켜졌고 백미러는 장식품이었다. 우리도 웬만하면 그럴 사람들이 아닌데 조심스럽게 조금만 천천히 가시면 안 되겠냐는 말을 건넸을 정도이다.

가는 길에 잠시 근처 성당에 들러 아주머니의 어머니를 픽업해서 야트막한 언덕 위의 작은 묘지로 올라갔다. 할머니는 매일 저녁 이 묘지에 오셔서 촛불에 불을 밝히고 기도를 올리신다고 했다. 아주머니는 우리를 기다리게 하는 것이 미안한지, 할머니께서 나이가 많이 드셔서 바보 같은 일을 좋아하신다고 말했다. 나는 진심으로 그 말을 부정했다. 수십 개의 촛불이 어스름한 황혼에 뒤이어 곧 찾아올 밤을 대비하고 있었다. 그들은 하나같이 연약했지만 두려움 없이 의연했다. 그 모습이 너무도 아름답고 다부져 보였다. 할머니의 작은 믿음처럼 정말로 이 세상에는 영혼이 존재하고, 삶은 운명의 흐름에 지배되는 것일지도 모른다는 생각이 들었다. 모든 기도는 아무리 우스꽝스러운 것을 기원한다고 해도 한없이 숭고하고 순수하다. 매일같이 빌기를 거르지 않으면 죽은 나무에도 꽃이 피는 것이 기도의 힘이다. 어느 책 제목처럼 그 묘지에 묻힌 사람이 누구든 얼마나 외롭든, 적어도 하루에 한 번은 곡진한 위로와 행복을 맛볼 것이다. 할머니는 진심으로 그렇게 믿고 계셨다.

본채에 붙은 숙소는 완전히 독립적인 별장이나 다름없었다. 집안에 감도는 수줍고도 들뜬 분위기로 볼 때 과연 한번도 손님을 받아들인 적이 없는 집이 분명했다. 안드레야네 집은 시내와 가까운 반면 이 집은 꽤 높은 지대에 위치해 있어서 벌써 비강을 통과하는 공기의 질부터 다르다. 훨씬 차갑고 원시적이다. 듬성듬성하던 어둠이 빼곡히 공기의 빈틈을 메워버리자, 이 아름다운 하이디의 통나무집은 귀곡산장이 되어 버린다. 참 묘한 조화속이다. 어떻게 이토록 삽시간에 으스스한 공포가 조성되는 것일까. 단지 어둠이 짙어졌을 뿐인데. 아무래도 오늘밤은 불을 켜고 자야 할 것 같다. 유난히 끈끈하고 의좋은 주인집 식구들은 약간 아담스 패밀리를 닮았다. 아주머니와 할머니, 웬즈데이처럼 똘망똘망해 보이는 십대 딸까지 가세해 자기네 집이 얼마나 깨끗하고 편리한지 설명하느라 여념이 없다. 점잖은 할아버지는 웬 야단법석이냐는 듯 우리 얼굴을 한번 쓱 보시고 묵묵히 본채로 들어가 버리셨다.

　　　　내일부터 알찬 하루를 보내려면 일찍 잠자리에 드는 편이 좋을 것이다. 샤워를 하고 간단히 빨래를 해서 창문턱에 널어놓은 다음 침대에 앉아 일기를 썼다. 여러 번 손을 호호 불어가면서 간신히 오늘 하루를 밀봉 보관했다. 춥다. 이것이 관념적인 추위인지 실재하는 추위인지 분간이 가지 않는다. 어제까지만 해도 헐벗은 차림으로 해변을 누볐는데 지금은 담요 두 장을 몸에 두르고도 입에서 새어나오는 김을 목격하고 있는 신세라니. 한 마디로 김새는 상황이다. 그동안 분에 넘치게 호사스러운 햇볕을 누린 탓에 현실 감각이 무뎌진 것일지도 모른다. 이럴 때는 동성 친구와 여행하는 것이 좀 불리하다. 일정하게 36.5도를 유지하는 이성의 인간만큼 추위를 쉬이 잊게 해주는 것도 없을 텐데. 추위는 잊을지언정 머릿속은 딴 생각으로 분주할지라도 말이다.

　　　　사춘기 시절에 나를 흔들어놓은 한 권의 책이 있다면?

단연코 헤밍웨이의 『누구를 위하여 좋은 울리나』를 꼽고 싶다. 사연은 좀 남부끄럽다. 전쟁 묘사로 가득 찬 책장을 감흥 없이 넘기던 와중에, 마리아가 로베르토의 침낭에 기어들어가 앙큼한 짓을 하는 부분을 읽게 되었다. 그 후로는 자꾸만 그 장면이 뇌리에 맴돌아서 사람 죽겠는 거다. 그 생각은 딱따구리처럼 수시로 뇌를 쪼며 나를 고문했다. 고전에 등장하는 성애 묘사라는 것이 그래 봤자 뻔한 수준인데도 당시에는 심각할 정도로 심신이 괴로웠다. 빨치산의 은신처에서 한뎃잠을 자도 좋으니 마리아처럼 귀염 받는 '토끼'가 되어 봤으면. 그걸 로망이랍시고 내내 품고 살았다. 스페인 내전의 상처라든가 전쟁의 무의미함에 대한 성찰 같은 건 나중에 남의 말을 주워들어 알게 된 것이다. 그때나 지금이나 내게 이 작품의 요지는 1인용 침낭 안에서 엎치락뒤치락하던 두 남녀의 뜨거운 상열지사, 그것뿐이다.

그래도 헤밍웨이가 책의 제목을 따 온 존 단의 시 구절은 한동안 예민한 여고생의 다이어리 첫 장을 차지하고 있었다. 겉멋 부리기에 참 좋은 구절.

어떤 사람의 죽음이든지 나를 작아지게 한다네.
나는 인류와 관련되어 있으므로.
그러니 누구를 위해 조종(弔鐘)이 울리는지 묻지 말라.
그것은 당신을 위해 울리는 것이니.

어니스트 헤밍웨이, 누구를 위하여 좋은 울리나 전쟁이 뛰어난 문학작품을 탄생시키는 일등공신이라는 사실은 안타깝지만 제법 그럴 법하다. 상처 없는 문학이란 바늘 없는 시계와 같다. 바늘 없이는 세계에 흩어진 숫자들이 아무런 의미를 갖지 못하기 때문이다. 스페인 내전을 배경으로 한 이 소설에서 미국인 로버트 조던은 무엇을 위해 자신과 아무 상관없는 전쟁에 목숨을 바쳤을까. 누구를 위하여 피는 흐르는 걸까. 사실 모든 전쟁의 죽음은 무의미하다. '자유와 민주주의를 위해서'라는 명분도 결국 언젠가 변질될 게 분명한 또 다른 권력을 만들어낼 뿐이니. 그러나 그토록 무의미하기 때문에, 아무도 알아주지 않기 때문에 그런 순한 죽음이 숭고한 건지도 모른다. 국경은 지구 위에 그려진 임의적인 빗금에 불과하다. 우리는 모두 연결되어 있다. 결국 이 세상에 무의미한 것이란 없다.

갑자기 침대 옆 협탁에 놓인 전등이 꺼졌다. 얼른 불을 켰다. 10초 정도 있다가 또 불이 꺼졌다. 또 다시 불을 켰다. 전등에 비친 비노 양의 얼굴은 레몬처럼 샛노랬다. 물론 내 얼굴도 비슷한 지경일 터였다. 한참 후에 또 불이 꺼졌다. 그리고 이번에는 아무리 스위치를 만지작거려도 불이 켜지지 않았다. 오랫동안 적막이 흘렀다. 아담스 패밀리가 두꺼비집 앞에서 장난을 치고 있는 것일까? 비노 양과 손을 꼭 붙들고 주방과 욕실에도 가 보았지만 그쪽도 사정은 마찬가지였다. 하는 수 없이 다시 침실로 돌아와 팔짱을 끼고 어둠을 노려보며 앉아 있었다. 말만 한 딸의 귀가를 기다리는 애비의 심정으로, 기어이 오늘밤 불이 들어오는 것을 확인해야 잠이 올 것 같았다. 일단 들어와야 다리몽둥이를 분지르든가 어쩌든가. 그러다 어느 순간 빤짝, 전등에 불이 들어왔다. 그 빛이 너무 강렬하고 갑작스러워서 매끈한 어둠에 균열이 생겨버렸다. 반가운 마음에 못난 애비는 제대로 화도 내지 못한다. 단순히 일시적인 정전이었던 걸까? 그렇다고 한다면 이 사건은 미스터리 축에도 끼지 못한다. 하지만 과학수사보다 처절한 육감을 신봉하는 사이비 탐정은 수상쩍은 음모의 냄새를 맡는다. 모두가 용의자다. 누가 알겠는가. 세상에는 수수께끼 같은 일이 너무나도 많은데.

몸을 새우처럼 옹송그리고 잔 탓에 개운하지가 않다. 꿈속에서 뭔가 정체 모를 몹쓸 것들한테 밤새 시달린 것 같기도 하다. 잠을 제대로 못 자면 몸이 너덜너덜한 걸레가 된 듯한 기분이다. 물을 끓여서 녹차 티백을 우리려고 주방으로 갔다. 조그마한 나무 탁자 위에 청포도 한 접시가 놓여 있다. 분명 어젯밤에는 이 자리에 아무것도 없었다. 아담스 패밀리의 선물이 틀림없다. 장난친 게 멋쩍어서 시침 뚝 따고 사과 대신 포도를 주는 건가? 아무려면 어때. 내 평생 이렇게 상큼한 선물을 받아본 적이 없는걸. 알 굵은 연두색 포도송이에는 미처 마르지 않은 물방울이 맺혀 있다. 보기만 해도 입 안에 시큼한 기운이 감돈다. 한 알 따서 입안에 넣고 조심스레 으깼더니 몸서리치게 신 맛이 온몸에 부채꼴 모양으로 퍼져나간다. 나는 신 것을 잘 먹지 못하는 편이지만 아담스 패밀리의 정성을 생각해서, 또 이게 다 몸에 좋은 거겠거니 하며 비노 양과 같이 열심히 따먹었다. 청포도가 우리의 원기를 북돋워주었다면 그건 비타민 때문이 아니라 귀한 대접을 받았다는 즐거움 때문이었을 것이다. 겨우 하룻밤 묵어가는, 기껏해야 '어떤 손님'에 불과한 우리를 '아주 특별한 손님'으로 생각해준 맘 착한 가족들에게 애틋하고 감사한 마음이 들었다.

오늘은 괄괄한 아주머니 대신 할아버지가 안드레야 집까지 데려다주실 것이다. 점잖고 과묵하신 할아버지는 자동차에 붙어 있는 현대Hyundai 로고를 가리키며 차가 아주 좋다고 딱 한 마디를 하셨다. 아주 잠깐 서울을 생각했다. 바쁜 거리와 내 것이 아닌 숱한 자동차들, 언제나 동동거리던 버스 안, 여러 번의 환승을 거쳐 밀치고 밀리며 도달해야 했던 수많은 행선지들. 아무리 생각해도 지금 여기가 훨씬 더 행복하다.

시속 8킬로미터의 진심

"푸코와 랭보의 저작들이 꽂혀 있는 제대로 된 책장이 있는 집,
정말 맛있어 보이는 밥상, 직접 만든 태양열 집…
욕망의 억제에 진정한 행복의 비결이 있는 것은 아닐까."
— 요네하라 마리 『대단한 책』

안드레야가 추천해준 대로 지팡이 짚은 남자가 간판 대
신 매달려 있는 레스토랑에 아점을 먹으러 갔다. Pri Planinc라는 이름
의 레스토랑은 관광객을 위한 인포메이션 센터가 있는 버스 터미널에
서 멀지 않다. 실내에 들어갔더니 어제 길을 잘못 가르쳐 준 배불뚝이
아저씨가 낮술을 마시며 활기차게 대화를 주도하고 있었다. 그러고 보
니 어제 같이 있던 무리들이 고대로 한자리에 모여 세월을 주물럭거리
고 있었다. 여기가 이 동네 한량들의 아지트인 모양이다. 딱 걸리셨어.
나는 어제 아저씨 때문에 얼마나 고생을 했는지 아느냐고 앙칼지게 따
졌다. 아저씨는 미안하다며 갈매기처럼 끼룩끼룩 웃을 뿐. 너무 쉽게 인
정을 해버리시니 열 낸 사람만 민망해진다. 웃는 얼굴에 침도 못 뱉겠고
또 생각해보면 덕분에 마테우스를 만난 것도 있고 해서 나도 그냥 픽 웃
어버렸다.

쫄깃한 칠면조 고기와 버섯 요리로 흡족한 식사를 하고 나서 블레드 호수를 한 바퀴 돌기로 했다. 블레드 호수는 보힌 빙하의 후퇴 작용으로 형성되었는데 환경보호 차원에서 엔진으로 구동되는 배의 운행을 금지하고 있다. 소중한 것을 지키려면 이 정도 까탈은 부려야 한다. 에메랄드 빛 호수는 억장이 무너지도록 맑고 깨끗했다. 억장이 무너질 정도였다고 회상하는 까닭은 다른 축복받지 못한 불우한 바다들이 생각났기 때문이다. 검은 타르 덩어리가 수면을 뒤덮었던 태안의 바다, 후세인이 유례없이 악랄한 방법으로 파괴했던 페르시아 만의 바다가 떠오른다. 후세인은 쿠웨이트 침공 당시 유전에 불을 질렀고 바다에 원유를 쏟았다. 악마들이 벌이는 축제의 흥을 돋우듯 하늘 높이 시커먼 불기둥이 치솟았고 밤과 낮을 가리지 않고 검은 비가 내렸다. 미국이 과연 후세인을 처형할 자격이 있는가의 문제는 논외로 하고 말한다면, 그는 너무 인도적인 방법으로 죽었다. 나는 그 점이 불만이다.

블레드 호수 가 아주 큰 편은 아니지만 그래도 총 둘레가 2킬로미터도 넘는다. 이 정도 거리를 온전히 두 발로 일주한다는 것은 아무래도 좀 무리다. 날도 쌀쌀한데 객기 부리다가 풍 맞는 수가 있다. 그리하여 건강염려증 환자인 우리들은 기차Tourist Train를 타고 호수를 돌아보기로 했다. 말이 기차이지 놀이공원 같은 데 가면 공원 내 이동 수단으로 사용하는 코끼리 열차 비슷하게 생긴 녀석이다. 작고 비좁으며 엄청나게 느리다. 슬로베니아의 속도 기준에 대해서는 이미 국경을 넘으며 그 맛을 톡톡히 보았지만, 블레드의 꼬마 열차도 기대를 저버

블레드 호수 말 그대로 '에메랄드 빛' 물이 그윽하게 고여 있는 아름다운 호수. 재미있는 건 이곳이 수영과 카누 등 다양한 스포츠의 장으로 애용되고 있다는 것. 블레드 호수의 또 다른 명소는 호수 서쪽 끝에 있는 블레드 섬이다. 현지에서는 '블레이스키 오토크Blejski Otok'라고 불리는 이 섬에는 작은 교회가 있다. 교회의 종탑에는 일명 '소망의 종'이 매달려 있다. 종을 울리면 종소리는 메아리가 되어 호숫가로 은은히 퍼져나간다. 이 종소리를 듣고 소원을 빌면 이루어진다는 전설이 전해져 온다(동양이나 서양이나 이런 전설은 어째 다 똑같다).

리지 않고 복장 터지게 느려주신다.

데이비드 린치 감독이 만든 〈스트레이트 스토리The Stra-
ight Story〉(1999)라는 영화가 있다. 언어 장애가 있는 딸과 함께 아이오
와 주 시골에 살고 있는 앨빈 스트레이트라는 73세 할아버지가 주인공
이다. 그는 오랫동안 소원하게 지냈던 늙고 병든 동생을 방문하기 위해
이웃 위스콘신 주까지 대장정을 결단한다. 대장정이라고밖에 할 수 없
는 이유는 앨빈 할아버지가 선택한 이동 수단이 잔디 깎는 트랙터이기
때문이다. 잔디깎이의 최고 속도는 시속 8킬로미터. 환장하는 속도이
다. 묵은 실수를 바로잡으러가는 사람의 마음은 급하기 마련일 텐데,
앨빈 할아버지에게 시속 8킬로미터는 오래 입어 부들부들해진 청바지
처럼 편안하기만 하다. 아마 이 꼬마 열차의 속도도 그쯤 될 것이다. 자
꾸만 시계를 보려 하는 내 자신이 못마땅해서 오른팔로 왼팔을 꽉 잡고
있었더니, 이제는 저절로 다리가 떨린다. 시계 끊기도 금단 증상이 있
나보다.

가만, 그런데 속도가 과연 시간을 벌어줄까? 아마 어떤
시간은 벌어주지만 어떤 시간은 오히려 강탈할 것이다. 너무 많이 말해
져서 이제는 늘어난 팬티처럼 남루하게 들리는 '느리게 사는 삶'이란
것. 그것이 억지로 물리적인 속도를 늦추는 삶만을 말하는 것은 아닐 테
다. 내가 생각하는 느리게 살기란 결국 덜 생산하는 삶이다. 재화와 용
역을 덜 생산하면 필연적으로 폐기물과 스트레스도 덜 생산된다. 조금

데이비드 린치 감독, 스트레이트 스토리 〈이레이저 헤드〉의 악몽이 너무나 강렬했기 때문일까. 처
음 영화를 볼 때 감독이 린치라는 사실을 믿기 어려웠다. 확실히 린치 감독의 필모그래피에서 이
영화는 이례적으로 보일 만큼 서정적이다. 영화는 시속 8킬로미터의 속도로 잔디깎이 트랙터를 타
고 병든 동생을 만나러 가는 노인네를 털레털레 따라가는 것이 전부이다. 그런데 이런 영화가 왜
그렇게 감동적인지…. 풍경은 그린 듯 아름답고, 노인의 신산했던 인생을 암시하는 주름들은 숭고
하다. 사람을 쓸쓸하게 만드는, 동시에 따뜻한 미소를 짓게 만드는 영화의 마법을 무슨 말로 설명
할 수 있을까. 내가 아는 한 가장 늙은 여행자가 나오는 가장 느린 로드무비. 그리고 가장 고요하고
깊은 울림을 주는 여행 이야기.

덜 생산하고 덜 성장한다고 세상이 어떻게 되지 않는다. 그렇게 해서 번 시간을 개인적으로 가치 있는 일들에 사용한다면, 그것이 '슬로우 라이프'의 진심이 아닐까.

꼬마 열차를 타고 얼마쯤 가다보면 모리스 샌닥이 호수의 물을 찍어다가 팔레트에 쓱싹쓱싹 묻혀 그린 듯한 예쁜 성이 눈에 들어온다. 블레드 성Blejski Grad 은 빠삐용이 자유를 갈망하며 뛰어내렸던 절벽처럼 아찔하게 솟은 바위 위에 자리 잡고 있다. 성이 위치한 곳의 고도는 대략 130미터. 이 아담하고 소박한 성은 루브르보다 오르세, 오르세보다 모네 미술관을 더 좋아하는 나의 궁벽한 취향에 꼭 맞는다. 사람이든 장소든 작은 목소리로 신의를 지키는 존재들이 좋다. 그런 존재들 앞에서는 내가 어렵사리 속삭였던 맹세가 우스워지지 않는다.

예전에는 성이 오랫동안 왕가의 여름 별장으로 사용되었다고 하는데 지금은 박물관으로 꾸며져 있다. 로마네스크 양식의 오래된 탑, 두 개의 마당을 연결해 주는 계단, 프레스코 벽화로 장식된 고풍스러운 예배당 등 요란하지는 않아도 아기자기한 볼거리들이 제법 있다. 하지만 뭐니뭐니해도 블레드 성의 가장 큰 미덕은 절벽 위에서 내려다본 블레드 호수와 광활한 줄리안 알프스의 정경이다. 빠삐용 같은 수인이 아니더라도 아래를 내려다보면 저절로 자유낙하하고 싶은 충동이 일 만큼, 호수는 서슬이 시퍼런 아가리를 벌리고 있다. 사람은 자기 육체에 갇힌 존재라서 외적인 구속이 없는 상황에서도 본능적으로 자

블레드 성 블레드 호수 주변의 깎아지른 듯한 절벽 위에 위치한 블레드 성은 차분하게 호수를 굽어보고 있다. 호수의 티 없는 물결과 어우러져 동화 같은 풍경이 황홀하다.

유를 소망한다. 사랑한단 말을 자꾸만 듣고 싶어 하는 연인들처럼, 자유
는 언제나 부족하기만 하다.

현지인들도 꼬마 열차를 버스처럼 이용하는지 자그마한
열차는 쉽게 만원이 된다. 어른 둘이 앉으면 딱 좋을 의자에 비노 양과
나, 그리고 열두어 살쯤 되어 보이는 새침한 여자애가 힘겹게 앉아 있
다. 맞은편에는 소녀의 부모와 기념비적인 머리 크기를 자랑하는 세 살
정도 된 사내아이가 앉아 있다. 젊은 부부는 봄비처럼 쾌활하고 명랑하
다. 헬레나라는 이름의 여자애는 상대가 시선을 피하기 전까지 절대 눈
을 깜박이지 않을 정도로 당돌하다. 그런데 서늘한 눈빛을 지닌 이 소녀
가 제 부모와 남동생을 바라볼 때는 눈망울에서 독기가 빠지고 나이에
어울리지 않게 그윽한 시선이 뿜어져 나온다. 어린 시절의 제니퍼 코넬
리를 보는 듯하다. 사내아이도 머리가 좀 많이 커서 그렇지 눈이 부리부
리하고 굉장히 귀엽다.

예쁜 아이들을 볼 때마다 나도 언젠가 저런 아이들을 낳
아서 흠 없이 티 없이 기르고 싶다는 생각이 들어야 할 것 같은데, 안타
깝게도 그런 적이 한 번도 없다. 나는 기본적으로 후손 친화적인 사람이
아닌 것 같다. 후손을 낳는다는 문제는 유전자만을 물려주는 것이 아니
라 세계에 대한 '전망'을 같이 물려주는 것이다. 내가 보는 이 세계의
전망이 불확실하고 심란한데 어떻게 내 아이에게 무리한 희망을 선전
하겠는가. 희망이 아니라면 점잖게 냉소하는 법을 가르칠 수밖에 없다.

나는 또 한 명의 냉소주의자를 길러내고 싶지 않다. 나까지 거들지 않아도 이미 우리 사회에는 누군가가 키워야 할 아이들이 많다. 정부는 출산율 저하의 심각성을 교조적으로 떠벌리고 있는데, 그들이 계산한 출산율에 청소년 출산이나 비혼모 출산도 포함되는지 궁금하다. 혹시라도 살다 살다 이제는 사는 게 너무 재미없어서 아이 키우는 재미라도 있어야겠다 싶어진다면, 늙어감에 대한 공포와 권태를 잊게 해줄 뭔가가 절실해진다면, 그때는 태어나버렸지만 갈 곳 없는 아이를 데려다 키우고 싶다. 아이의 엄마가 아니라, 이모 혹은 고모가 되고 싶다. 끈끈한 건 됐고, 말이나 통하면 좋겠다. 의무로 묶이기보다 우정으로 엮일 수 있는 사이면 더 바랄 게 없겠다.

랄프 왈도 에머슨의 일기에는 이런 구절이 있다.

사람은 이모 고모와 사촌들이 꼭 있어야 한다. 당근과 순무를 사야하고 헛간과 창고가 있어야 한다. 시장에 가고 대장간에 가야 한다. 어슬렁거리고 잠을 자야 하고 좀 모자라고 바보 같아야 한다.

이모고모에 비하면, 삼촌이란 양반들은 대체 왜 그런 건지. 순전히 개인적인 연상에 불과하겠지만 내 기억 속의 삼촌들은 엄한 목소리, 꾸중과 호통, 야박한 세뱃돈, 후줄근한 넥타이, 엄청난 발냄새 같은 것들을 떠올리게 한다. 더구나 로알드 달의 역겹고 발칙한 주인공

'오스왈드 삼촌'도 부정적인 연상에 한 몫을 단단히 했다. 기억이란 이렇게나 완강하다. 삼촌들의 삶도 나름 고단했을 테고, 어쩌면 마음은 그렇지 않았을 것이다. 먹고 살기 바쁜 와중에 공상이 많은 조카애의 기억 속에 저장될 이미지까지 신경 쓸 겨를은 없었을 것이다. 아무리 생각해도, 어른에게 불만이 많다는 건 아직 어른이 아니라는 빼도 박도 못할 증거인 것 같다.

어이없는 공무도하가

"인간이 시련을 견뎌내지 못할까 봐 당신은 두려운 모양인데,
그래도 견뎌낼 거라는 기대만은 버리지 말자."
– 프로이트 『환상의 미래』

열차를 탄 채 호수 주위를 한 바퀴 돈 다음, 선착장 근처
에서 내렸다. 보트를 타기 위해서였다. 호수의 남서쪽 아래 위치한 블레
드 섬Blejski Otok에 가려면 플레트나Pletna라고 하는 나룻배를 타는 수밖
에 없다. 노를 저어주는 사공이 있기는 하지만 별로 흥미로워 보이지 않
는다. 비노 양과 나는 왕복 한번씩 노를 젓기로 합의하고 사공 없는 배
를 타기로 했다. 독립적인 영혼을 거느린 탓에 몸이 고생할 팔자인 우리
들은 지붕이 없고 좀 더 단출하게 생긴 배를 타게 되었다. 요금은 대략
1만 5천 원 정도인데 사공 있는 배가 인당 10유로인 것을 감안하면 인
건비를 별로 많이 쳐주는 셈은 아니다.

처음에 출발할 때는 방향 감각이 전혀 없어서 한참 동안
제자리에서 뱅글뱅글 돌았다. 주변에서 그렇게 하는 게 아니라고 훈수

두는 인간들이 어찌나 많은지 당황해서 더 허둥거렸다. 한 술 더 떠서 배 관리하는 아저씨까지 당신네들 안 되겠으니 어서 올라오라고 난리를 친다. 나는 오기가 나서 물에 빠져도 내가 빠져 죽을 테니 상관하지 말라고 소리를 꽥 질렀다. 하지만 내 몸에는 나도 모르던 뱃사공의 피가 흐르고 있었다. 얼마 후 완전히 감을 잡아버린 나는 놀라운 능력을 발휘하기 시작했다. 비노 양도 손뼉을 치며 찬사를 아끼지 않았다. 비노 양의 푸짐한 찬사가 어째 달리는 말에 채찍질을 가하는 것처럼 들려서 조금 아리송했지만, 어쨌든 뜻밖의 재능에 나 자신도 깜짝 놀랐다. 그럼에도 불구하고 섬까지 가는 데만 40분 정도가 소요되었다. 비숙련 뱃사공의 솜씨라는 사실을 고려하더라도 결코 가까운 거리는 아니다. 두 시간 안에 배를 반납하도록 되어 있기 때문에 서둘러 섬 구경을 해야 한다.

오도카니 떠 있는 섬은 고즈넉한 유배지 같은 분위기를 풍긴다. 배를 묶어둘 수 있는 갑판 바로 옆에 돌계단이 나 있고 99개의 계단을 다 올라가면 작은 예배당이 모습을 드러낸다. Sv. Marija, 즉 성모 승천 교회이다. 이 교회는 결혼식 장소로도 인기가 높다. 혼잡하지 않게 기혼 인생을 시작하고 싶은 사람들이 선호할 만한 오붓한 공간이다. 이런 곳에서 결혼을 하면 아주 오래도록 '화양연화花樣年華'의 시절을 보낼 수 있을까. 결정적인 추억 몇 가지를 간직한 사람은 이를 악물어야 할 순간들이 닥칠 때마다 초인적인 힘을 발휘할 수 있을까. 나로선 알 수가 없다. 종루와 연결된 줄이 천장에서 바닥까지 늘어뜨려져 있다. 이 종을 치면 가장 간절한 소원이 이루어진다고 전해진다. 세계 각지의 모든 관광명소에서 흔히 치는 구라이다. 부질없지만 누구나 믿고 싶어 하는 하얀 거짓말. 그래도 믿는 자에게 복이 있다고 하지 않았던가. 온몸에 체중을 실어 줄을 잡아당기면서 작은 소원을 빌었다.

　　　　미리 합의한 대로 돌아오는 길에는 비노 양이 노를 저을 차례였다. 그런데 이 아가씨가 영 감을 못 잡는 거다. 나는 미륵불의 미소를 지으며 인내심을 가지고 기다렸지만, 날은 점점 어둑어둑해지는데 비노 양의 실력은 단기간에 향상될 기미가 안 보인다. 10분 동안 갑판 언저리만 맴돌고 있다. 쫓기는 상황을 견디지 못하는 나는 울며 겨자 먹기로 또 다시 사공 노릇을 자처할 수밖에 없었다. 아무래도 전생에 양갓집 규수는 아니었나보다. 나도 돌아갈 때는 비노 양이 노를 젓는 동안 우아하게 경치도 감상하고 거울도 한번 보고 사진도 찍고 싶었는데. 엎친 데 덮친 격으로 우리가 나아가려는 방향과 반대 방향으로 물이 흐르고 있다. 갤리선 노예처럼 사력을 다해 노를 젓는데도 배는 눈에 띄게 전진하지 않는다. 점점 세게, 크레센도로 밀려오는 시커먼 물살. 귓속에서 누가 전기톱을 돌리는 것처럼 심한 윙윙거림이 들린다. 나는 침통한 심정으로 키츠의 묘비명을 기억한다. "Here lies one whose name was written in water. 여기 물속에 이름이 적힌 자가 누워 있노라." 아무래도 아까 너무 추상적인 소원을 빌었나보다. 그냥 소박하게 물귀신이 노하지 말게 해달라고나 빌걸. 비노 양은 몹시 미안한 표정이기는 하지만 근심하는 기색은 없다. 당신은 수영이라도 할 줄 알지, 나는 꼼짝없이 황천길이라고.

육지에 발을 디디는 순간 땅에 입이라도 맞추고 싶었다. 아직 살아 있다는 안도감보다도, 옷이 젖지 않았다는 사실에 더 '구체적인' 기쁨을 느꼈다. 흠뻑 젖은 채 누군가의 손에 잡혀 미역줄기처럼 끌려 나오는 것은 생각만 해도 끔찍하다. 게다가 몸의 습도가 높아지면, 삶의 의지도 영수증처럼 쉽게 분실된다. 지금 내가 지구상에서 가장 원하는 것은 약간의 알코올이다. 알코올로 긴장의 찌꺼기를 구석구석 세척해야 한다. 숙소로 가는 길을 한번에 못 찾고 헤매는 바람에 시간이 꽤 많이 흘러갔다. 그 사이에 상점들은 모두 문을 닫아버렸다. 그나마 1킬로미터 가량 떨어진 곳에 주유소가 있다는 정보를 겨우 입수하고 그곳을 찾아갔다. 여기서는 주유소가 편의점 같은 역할을 한다. 그런데 맥주가 보이지 않는다. 아저씨한테 왜 피보pivo가 없냐고 물었더니 그는 어깨를 으쓱하며 카운터 옆의 조그만 냉장고에서 맥주 캔 두 개를 꺼내주었다. 나는 두 번째 손가락을 곧추세우고 "하나 더!"를 외쳤다. 돈을 지불하고 영수증을 챙겼다. 이보다 흐뭇한 거래는 있을 수 없었다. 맥주 캔이 들어 있는 비닐봉다리를 짤랑거리며 기고만장해져서 숙소에 돌아왔다. 그리고 비노 양과 소파에 앉아 풍채 좋은 기상 캐스터가 날씨를 예보하고 있는 TV 화면을 보며 금쪽같은 맥주를 마셨다. 그런데 아무리 천천히 아껴 마셨다지만 두 캔을 비웠는데도 취기가 느껴지지 않는다. 이거 도수가 얼마인데 이래? 혹시나 싶어 캔을 빙빙 돌려가며 꼼꼼히 살펴보았더니 충격적이게도 도수는 0퍼센트! 말로만 듣던 무알콜 맥주였다. 한국에서는 무알콜 맥주를 본 적이 없다. 그런 게 있다는 소리는 들었지만 어떤 위인들이 그런 걸 돈 주고 사 먹나 얼굴이나 한 번 봤음 싶었다. 어쩌면 시중에 버젓이 유통되고 있는데 나만 못 본 것일지도 모르겠다. 나는 늘 익숙한 브랜드를 선호하고 본질적으로 차이가 없는 변화를 기피하는 단순한 소비자니까.

언젠가 읽었던 지젝의 글에도 무알콜 맥주 이야기가 나온 적이 있다. 그는 현대인을 에워싼 환경은 실재 없는 가상의 것들, 예를 들면 "카페인이 제거된 커피, 지방을 뺀 크림, 알코올 없는 맥주, 아무런 사상자 없는 전쟁을 치를 수 있다는 미국식 전쟁, 정치 없는 정치를 부르짖는 이론들" 따위로 가득 차 있다고 했다. 이러한 가상의 세계는 "실재(알맹이)의 핵심적 저항이 죽어버린 것"이다. 그가 정의하는 '문화'의 개념을 생각한다면 이 실재의 저항이란 것을 좀 더 이해하기 쉬워진다. 지젝에 따르면, 문화는 "정말로 존재한다고 믿지 않고 심각하게 받아들이지도 않으면서 준수하고 있는 그 모든 것들에 대한 이름"이다.

현대인에게는 신의 존재 혹은 민주주의 같은 것들이 일례가 될 수 있을 것이다. 선거가 허울뿐인 요식행위라는 것은 현대인의 상식이고, 유권자들은 진작부터 최선을 고르는 것이 아니라 차악을 떠맡는다는 생각으로 선거에 임하고 있다. 종교집단의 가장 큰 관심사는 신앙의 성장이 아니라 권력 유지다. 모두 실재가 가상에 저항할 능력을 잃어버렸기 때문에 벌어진 일들이다. 도대체 알코올(실재)이 없는 맥주를 무엇 하러 마신단 말인가? 물 빼러 다니기도 귀찮은데. 그럴 바엔 차라리 진하게 우려낸 보리차나 마실 일이다. 그것이 건강에도 좋고 실재에 충실한 방법이다. 적어도 보리차엔 일말의 보리스러운 것이 분명히 들어 있다.

  9시 이후에는 알코올음료를 팔지 않고, 보행자들이 가미가제 특공대처럼 찻길에 뛰어들어도 아무도 경적을 울리지 않고, 길거리에 담배를 피우는 사람들이 한 명도 보이지 않는 곳. 이것이 지금까지 내가 경험한 슬로베니아, 그중에서도 블레드의 모습이다. 기질적으로 쾌락을 음미하는 듯 보였던 파리 사람들과 비교하면, 여기 사람들은 청교도라 해도 과한 말이 아니다. 파리에서는 지구 최후의 날처럼 죽을힘을 다해 담배를 피워대고, 애첩처럼 귀애하는 레드와인 덕분에 대낮에도 불콰한 낯빛으로 돌아다니는 사람들을 자주 볼 수 있었다. 아마 그런 것이 도시의 스타일이고 규칙일지 모르겠다. 몸 사리지 않고 즐기는 것 말이다. 내가 인상적으로 본 블레드의 모습은 어쩌면 이 작은 호수마을에 국한된 특징일 수 있겠고, 우연적인 관찰을 침소봉대하여 대단한 미덕으로 일반화시키고 싶어 하는 미숙한 여행자의 편견일 수도 있을 것이다. 그래도 나는 9시 이후에 알코올을 팔지 않는 이 깐깐한 동네가 맘에 든다. 그 시간 이후로는 묽은 위로를 팔지 않으니 책을 읽든 정사를 나누든 다른 길을 알아보라고 딱 부러지게 말하는 태도가 미더운 것이다. 허튼 기대를 버리면 인생은 조금 더 수월해진다.

냉장고의 시계

I am vertical, but I would rather be horizontal.
나는 수직이다. 그러나 차라리 수평이고 싶다.

– 실비아 플라스

오늘은 유명한 카르스트 동굴 포스토이나Postojna 에 갈 예정이었는데 뜻하지 않게 계획이 어그러지고 말았다. 시내에 있는 에이전시에 가서 문의를 했더니 달랑 두 사람만 갈 수는 없고 팀을 짜서 움직여야 하는데, 그나마 일요일이나 되어야 출발한다는 것이다. 다른 에이전시에 가도 마찬가지일 거라는 담당자 말에 별 의문을 품지 않고 포기한 것이 영 찜찜하다. 지금 생각하면 악착같이 더 알아보고 다녔어야 하는 거였다. 여행자는 무조건 피라냐처럼 살벌하고 끈질기게 굴어야 소기의 목적을 이루는 법이다. 헌데 우리는 이가 없으면 잇몸으로 살아도 뭐 어떠리 주의인 것이다. 매사가 그런 식이다. 슬로베니아까지 가서 포스토이나 동굴을 안 보고 온 애들은 우리뿐일 것이다.

사진으로 본 포스토이나 동굴의 모습은 단테가 베르길

포스토이나 슬로베니아는 국토의 1/4이 카르스트 지형이라 동굴이 많다. 포스토이나 동굴은 세계에서 세 번째로 큰 동굴로, 입구에만 이르러도 으슬으슬 추위가 밀려온다. 옷을 내고 담요를 빌린 후 긴 열차를 타고 아가리를 벌린 동굴의 입 속으로 꾸역꾸역 들어가면 해골과 탑다 등 갖가지 모습을 연상시키는 종유석이 쉴새없이 나온다. 암권은 동굴 중간에 있다. '콘서트 홀'로 불리는 곳. 동굴 안에 어떻게 그런 넓은 공간이 존재할 수 있는 건지 신통방통하다. 크리스마스 때면 실제로 이곳에서 콘서트가 열린다고.

리우스와 함께 여행하는 도중 한번쯤 거쳐 갔을 법한 신비로운 공간이었다. 그것은 세속에 존재하는 근사한 사후 세계였다. 동굴 벽에 기괴한 형태로 매달린 종유석과 석순들은 불경하면서도 황홀한 반인반수半人半獸의 형상을 띠고 있었다. 기묘한 망자들은 고통스러운 영생을 저주하면서도 어쩌지 못할 육체의 희열에 사로잡혀 관능적으로 온몸을 뒤틀고 있는 듯 보였다. 동굴의 총 길이는 20킬로미터가 넘지만 그중 5킬로미터 정도만 대중에게 공개된다. 이 지점까지는 전기 기관차가 왕래한다. 특히 볼 만한 것은 '콘서트 홀'이라고 불리는 커다란 동혈洞穴이다. 이 동혈은 1만 명가량 수용할 수 있을 정도로 면적이 거대하고 잔향이 오래 지속되어 특이한 울림을 만들어내기 때문에 그런 이름이 붙었다. 실제로 이곳에서 열리는 콘서트는 다른 연주홀이 모방할 수 없는 특별한 경험을 선사한다고 한다.

아쉽지만 오늘 일정은 자전거를 타고 빈트가르 협곡˚에 다녀오는 것으로 변경되었다. 가장 작은 자전거를 빌렸는데도 다리가 땅에 닿지 않는다. 자존심 팍 상한다. 존심도 존심이지만 이쯤 되면 안전상 심각한 위험이 있다. 자칫 균형을 잃었다가는 길바닥에 꼬꾸라지기 십상이기 때문이다. 그래도 별다른 대안이 없기 때문에 재주껏 잘 타보는 수밖에 도리가 없다. 자랑스러운 등번호 대신 '규격 미달'이라는 붉은 글씨를 펄럭이며 달리는 좀 모자란 집배원 같은 기분이 든다. 어찌 됐건 간에 빈트가르로 가는 길은 생각보다 굉장히 즐거웠다. 상쾌한 바람, 뺨을 간질이거나 가볍게 후려치는 머리카락의 장난질. 오, 줄리안,

빈트가르 협곡 빈트가르 협곡의 반나절짜리 하이킹 코스가 유명하다. 협곡을 향해 걷는 길에 폭포는 물론 고풍스러운 멋을 자랑하는 성 가테린 교회St Catherine Church도 볼 수 있다.

줄리안 알프스, 기어를 바꿀 때마다 철컥 헛기침 소리를 내는 자전거 체인, 허벅지가 날씬해지는 느낌, 잘생긴 가축들, 끝없이 펼쳐진 목초지, 하늘을 향해 수직으로 쭉쭉 뻗은 나무들. 우리가 동경하는 어조로 '전원생활'을 이야기할 때 연상되는 모든 것들이 그곳에 있었다.

　　　　최선을 다해 페달을 밟을 때마다 땅바닥이 머핀의 표면처럼 쑥 들어가면서 몸이 살짝 붕 뜨는 듯한 기분이 들었다. 근육은 열심히 산소를 태우고 성대는 부지런히 진동하며 곡목을 알 수 없는 노래를 흥얼거렸다. 갈림길에서 잠시 자전거를 멈추고 사방을 두리번거리다보면 동네에서 알아주는 참견쟁이 할아버지처럼 어김없이 표지판이 나타나 방향을 일러주었다. 중간에 우유를 사러 작은 마을에 들렀다. 후덕한 인상의 암소들을 보니까 우유가 마시고 싶어진 것이다. 그런데 동네 슈퍼마켓에는 우유 대신 온통 요거트뿐이다. 어차피 소젖으로 만들었다는 점에서는 별 차이가 없겠으나 병을 거꾸로 쳐들고 더디 내려오는 걸쭉한 덩어리를 혀로 핥다보니 조바심이 났다. 그래도 당분이 적고 요거트 특유의 비린 맛이 나지 않아서 마음에 들었다. 뭐라 표현하기 어려운 생생한 날것의 느낌. 이런 게 바로 알프스의 맛이 아닐까.

　　　　무성한 나무들이 하늘을 가려버린 빈트가르 협곡에 들어서면 돌연 공기가 달라진다. 거대한 김치냉장고 안에 들어온 것처럼 거센 냉기가 몸을 덮친다. 당황한 나는 냉장고 CF에 나오는 김치처럼 쌕쌕 숨을 몰아쉰다. 서서히 숨은 골라지고 걸으면서 단전호흡을 할 수 있을 만큼 안정된다. 빈트가르 협곡에는 하이킹 코스가 잘 갖추어져 있다. 협곡도 훌륭했지만 내게 더 중요한 것은 협곡 자체보다 협곡 가는 길이었다. 여행에서 목적지는 대개 핑계에 지나지 않고, 때로는 천신만고 끝에 목적지에 도착하고 나서도 왜 그곳에 왔는지 이유를 알 수 없는 경우도 있다.

헤엄치는 물고기들의 내장까지 들여다보일 정도로 계곡물의 안색이 파리하다. 군데군데 썩어서 뽑혀 나간 나무뿌리가 익사해 있다든가, 큰비를 만나 허물어져 내린 듯한 돌들의 무덤 같은 것이 방치되어 있어서 묘한 폐허의 느낌까지 불러일으킨다. 태초의 무구한 낙원과 폐허가 첩첩이 공존해 있는 어지러운 느낌. 검고 끈적거리는 줄만 알았던 카오스가 이렇게 푸를 수도 있다는 것을 예전엔 미처 알지 못했다. 순수하고 신선하다 못해 폐부를 뚫어버릴 듯 날카로운 공기 때문에 빈혈기를 느낄 수 있다는 것도 처음 알았다. 한참을 걸었는데도 마땅히 쉴 곳 없이 계속 길만 이어진다. 마침 반대편에서 오는 사람들이 있어서 그쪽에 뭐가 있느냐고 물었더니 "Just same"이라고 말한다. 그는 똑같은 말을 다른 높낮이와 다른 어조로 말할 수도 있었을 것이다. 그 말을 듣자마자 의욕이 주머니칼처럼 반으로 접혀버렸다.

갑자기 참을 수 없는 지루함이 밀려왔다. 에밀 시오랑은 지루하다는 건 시간을 씹는 것이라고 말했다. 시간이 넓적한 어금니에 갈려 미니트와 세컨드, 밀리세컨드 단위로 조각나고 있다. 나는 사르트르의 그녀 보부아르처럼, 몰인정한 냉장고의 시계가 되어 시간을 검열한다. 지루하다는 건 결국 시간에 대한 모욕이다. 시간은 나에게 그런 대접을 받을 만한 존재가 아니다. 우리는 걸음을 재촉해서 갈 때보다 두 배 빠른 속도로 돌아왔다. 협곡에서 나오니 낯선 햇살이 쏟아진다. 20년 만에 세상 구경을 하는 '광복절 특사'가 된 기분이다. 햇살이 참 반갑다.

　　　　보부아르에게 '냉장고의 시계'라는 별명을 붙여준 사람은 사르트르가 아니라 그녀의 동성 애인이었다. 계약결혼 관계를 유지하면서 서로 독립적인 사생활을 즐겼던 사르트르와 보부아르는 철저히 시간을 할당해 다수의 애인들을 관리했던 것으로 유명하다. 게다가 보부아르와 자려는 사람은 남녀 불문하고 침대에 들기 전에 먼저 칸트를 논해야 했다고 한다. 오죽 그 태도가 얄밉고 냉랭했으면 애인이 '냉장고의 시계'라는 별명을 다 붙였겠냐마는 생각할수록 참 괜찮은 교수법이다. 연애의 세계에서는 더 많이 사랑하는 사람이 항상 약자이다. 그러니 억울하면 공부할 수밖에.

고추장 중위의 여자

"고추장 작은 단지 하나를 보내니
사랑방에 두고 밥 먹을 때마다 먹으면 좋을 게다.
내가 손수 담근 건데 아직 푹 익지는 않았다."
– 연암 박지원이 아들에게 보낸 편지

빈트가르에서 돌아오는 길에 어쩌다보니 다른 샛길로 빠져버렸다. 갔던 길을 고대로 되돌아오는 것도 못하는 인물들이다. 우연히 들른 농가 마을은 그림책의 한 페이지를 찢어놓은 듯 알록달록 아름다웠다. 피부에 윤기가 잘잘 흐르는 말과 소와 양떼들이 정답게 집을 지키고 있을 뿐, 인기척은 전혀 없었다. 뒤꼍에 통나무 땔감이 배부르게 쌓여 있고 살림집 앞의 마당에는 흙 묻은 장화라든가 연장 하나 널려 있지 않고 말끔했다. 집집마다 꽤 넓은 텃밭에 유혹적인 자태를 뽐내는 이름 모를 채소들이 그득했다. 비노 양과 나는 얼굴을 마주 보았다. 말은 안 해도 서로의 생각이 같은 틀에서 찍어낸 풀빵처럼 똑같다는 것을 알 수 있었다.

당시 우리는 안 그래도 맵고 짠 무언가가 먹고 싶어 미칠 것 같은 상태였다. 혹시 몰라 한국에서 데려온 튜브 고추장 중위와 양반김 소위의 얼굴이 별안간 떠올랐다. 안 그래도 그들은 뛰어난 전투 능력을 발휘할 기회가 없어서 뿌루퉁해 있는 데다가, 하찮은 컵라면 하사가 설치고 다니는 꼴을 보고 더욱 심사가 불편해진 참이었다. 우리는 어쩔 수 없는 고추장 중위의 여자이다. 한 사람씩 번갈아 망을 보고 나머지 한 사람은 채소를 뜯기로 했다. 촘촘하게 세워진 철조망 사이로 급히 팔을 빼내다가 손등이 긁혀 피가 흘렀지만 아파할 겨를도 없었다. 처음에 우리는 이 앙증맞은 서리를 전혀 범죄라고 생각하지 않았고 심지어 이런 우리 자신이 매우 귀엽다고 생각했는데, 철조망이야말로 궤변을 반박할 근거였다. 우리 같은 애들로부터 작물을 보호하기 위해 철조망이 존재하는 것이었다. 우리는 전혀 귀엽지 않은 무서운 여자들이었다. 사건 당시 양심을 계량했다면 둘이 합쳐 21그램도 나가지 않았을 것이다.

서둘러 포획물을 자전거에 싣고 발바닥에 불이 나도록 페달을 밟았다. 가슴이 쿵쾅쿵쾅 뛰었다. 그 와중에도 길가에 즐비한 사과나무를 외면할 수 없었다. 사실 나뭇가지에서 저절로 떨어져 공공도로를 무단점거한 사과를 줍는 것은 서리라고 할 수도 없지 않은가? 다시 자전거를 세운 다음, 점퍼 주머니에 울룩불룩 사과를 집어넣고 있는데 인기척인지 짐승 기척인지 모를 작은 소리가 났다. 이번에야말로 신이 주신 마지막 기회라고 생각하고 잽싸게 자전거에 올라타자마자 전력 질주했다. 올림픽 위원회는 스테로이드 같은 약물의 복용만을 감시하고 있지만, 내가 보기에 단시간에 기록을 갱신할 수 있는 가장 좋은 방법은 생명의 위협 혹은 망신살의 공포이다. 그 두 가지 앞에서 인간은 초인이 될 수도 있다.

아까 요거트를 샀던 슈퍼마켓에 들러서 쌀 한 봉지와 참치 통조림을 샀다. 만약 나중에 덜미를 잡힌다면, 이 슈퍼마켓 영수증 때문에 대담한 범인들이라는 소리를 듣게 될 터였다. 한시라도 빨리 범죄 현장에서 멀리 도망칠 생각은 하지 않고 유유히 생필품 쇼핑을 하다니. 후안무치한 여자들이다. 슬로베니아에서는 쌀이 흔하다. 슈퍼마켓에 가면 종류도 많고 값도 싸다. 레스토랑 메뉴에도 대개 밥^{stewed rice}이 포함되어 있다. 여기까지 와서 밥 해먹을 생각을 하니까 설레 죽겠다. 페달 밟는 두 발에 힘이 넘친다. 숙소에 돌아와 냄비에 쌀을 씻어 안치고 채소를 깨끗이 씻었다. 상추인 줄 알았던 식물은 질긴 연잎 비슷하게 생긴 것인데 끓는 물에 삶았더니 조금 부드러워졌다. 커다란 스테인리스 볼에 여러 가지 채소들과 참치, 김, 밥을 넣고 튜브 고추장을 넉넉히 짠 다음, 골고루 비비기 시작했다. 본의 아니게 약간의 비양심을 흘렸고 파렴치 두어 줄기가 딸려 들어가긴 했지만 맛에는 지장이 없다. 아니 오히려 간이 더 잘 맞는다. 연잎(혹은 상추?)을 손바닥 위에 잘 펴고 비빔밥을 듬뿍 떠서 터져 나오지 않게 잘 쌌다. 매콤한 고추장과 쌉싸래한 야채가 야릇하게 뒤섞여서 졸도할 정도로 기가 막힌 맛이 났다. 입 둘레가 벌게지도록 배터지게 먹고 나서 수돗물 한 잔을 시원하게 마시고 디저트로 사과를 잘라 먹었다.

안드레야는 이 동네 수돗물에 대한 자부심이 대단했다. 그래도 수돗물인데, 라는 회의적인 눈빛을 보이는 우리들에게 세상에서 제일 깨끗한 지하수니까 안심하고 마시라고 말해주었다. 그녀의 말을 믿고 마셔보니 과연 약수처럼 톡 쏘는 맛이 나고 입 안이 개운해지는 느낌이 든다. 바쇼의 하이쿠 한 수가 떠오른다. "얼마나 놀라운 일인가, 번개를 보면서도 삶이 한 순간인 줄 모르다니." 나는 이렇게 덧붙이고 싶다. 얼마나 놀라운 일인가, 이런 음식을 맛보면서도 삶이 즐겁다는 걸 걸핏하면 잊는다니. 아무리 서리가 범죄치고는 귀여운(?) 축에 속하는 것이라고 해도 '도덕성의 발육 부진'을 인정하는 이런 고백을 왜 하고 앉아 있나 생각해 보았다. 향후 공직에 출마할 것도 아닌데 말이다. 고백의 메커니즘은 참회와 용서의 상호작용이라기보다 일종의 무용담에 가깝다. 떳떳치 못하다는 걸 알면서도 그러고 노니까 재밌습디다, 라고 떠벌리는 것이다. 오히려 그 떳떳치 못함, 부도덕함을 과시하는 것이다. 일종의 위악일지도 모르겠다.

수많은 통속 드라마의 사례에서 보듯이, 고백은 자신의 결벽적인 자아를 주체하지 못하고 타인을 고문하는 지극히 이기적인 행위이기도 하다. 진실이 발설된 순간부터 내면의 고통은 고백한 자의 것이 아니라, 고백을 들은 자의 것이 되니까. 굳이 하지 않아도 될 고백 때문에 얼마나 많은 사람들이 쓸데없는 격랑에 휘말리던가. 모든 드라마가 구조적으로 의존하고 있는 허약한 토대는 고백의 남발이라고 봐도 과언이 아니다. 인물들은 무덤까지 가져가야 할 일생일대의 비밀을 카페에서, 호텔방에서, 마천루 옥상에서 아무렇게나 툭툭 터뜨린다.

지젝은 『진짜 눈물의 공포』*에서 패트리샤 하이스미스의 등장인물 리플리에 대해 이야기하면서 이렇게 말한다. "살인하지 말라. 그것 말고는 행복을 추구할 방법이 진정으로 없을 때를 제외하고는." 이것은 모세의 돌판에 새겨졌던 '살인하지 말라'는 절대적인 계명이 오늘날에 와서는 지키면 좋고 정 지킬 수 없으면 할 수 없는 '충고'의 양상을 띠게 되는 경우가 많아졌다는 것을 설명하는 맥락에서 나온 말이다. 나는 언제나 고백하는 자들이 어리석고 무책임하다고 생각해 왔지만, 이번만큼은 지젝의 말을 인용하여 슬쩍 자기모순에서 빠져나가야겠다. 고백하지 말라. 그것 말고는 여행의 매력을 설명할 길이 도저히 없을 때를 제외하고는.

슬라보예 지젝, 진짜 눈물의 공포 지젝은 라깡주의적인 접근을 통해 기에슬로프스키 감독의 작품 세계를 총체적으로 분석한다. 이를 바탕으로 그의 주요 작품인 〈십계〉 시리즈와 세 가지 색 시리즈, 〈베로니카의 이중생활〉 등을 독특하게 읽어낸다. 특히 흥미로운 부분은 〈십계〉에 대한 분석. 비록 이 시리즈를 보지 못한 사람이라도 이 부분을 읽으면 성경에 나오는 계명과 후기 자본주의 사회의 권리를 연결시킨 그의 혜안에 재미를 느낄 것이다. 지젝에 따르면 오늘날의 탈정치적 사회에서 인권이란 궁극적으로 "십계명을 위반할 수 있는 권리"이다. 가령 "사생활권이란 아무도 나를 보지 않을 때 간통을 저지를 수 있는 권리이며 (중략) 자유로운 시민이 무기를 소유할 수 있는 권리는 살인할 수 있는 권리, 궁극적으로 종교의 자유는 거짓 신을 섬길 수 있는 권리"이다. 이러한 내용은 지젝의 다른 저작들에서도 반복해서 등장한다. 타자에 대한 관용, 민주주의, 자본주의적 이윤 추구, 전쟁 등과의 관계를 통해 자유주의로 미화된 인권의 타락을 지적한다.

공기를 가르는 곤돌라

"자연은 잔인하기보다는 단지 무자비하고 냉담할 뿐이다."

— 리처드 도킨스

오늘은 여행사 안내책자에 나온 'Trip to Venice' 프로그램을 이용해볼 생각이다. 며칠 산속에만 있었더니 그새 바다가 그리워진 모양이다. 게다가 두브로브니크에서 미처 해보지 못한 여유롭고 낭만적인 선상 유람에 대한 판타지가 남아 있기도 해서, 여러 가지 프로그램 중 이것을 골랐다. 블레드 와서 처음으로 화장도 하고 머리도 풀었다. 그런데 샐쭉한 에이전시 여자는 또 다시 우리를 좌절시켰다. Trip to Venice는 목요일에만 출발한단다. 어제도 별로 친절하지 않아서 기분이 언짢았는데, 오늘도 이런 식인 걸 보면 일부러 골탕 먹이는 건가 싶은 피해의식까지 생긴다. 설마 그럴 리야 없겠지. 누구 탓을 하겠는가. 모든 문제를 충동적으로 결정하는 내 자신 탓을 해야지. 어차피 나중에 베네치아로 갈 예정이기 때문에 덜 억울하긴 하지만 포스토이나 동굴 때부터 계속 엇나가는 흐름이 조금 불길하다. 화딱지 나게 화장은 왜 하고, 머저리처럼 머리는 왜 풀었어. 머리를 질끈 묶고 모자를 써버렸다.

안드레야가 권해주었던 보힌Bohinj 호수*에 가기로 했다. 블레드에서 버스로 30분 정도 걸리는 곳이다. 외국인들은 '보히니'라고 부르기도 하지만 현지 사람들은 단어 끝의 반모음 j를 발음하지 않는다. 보힌 호수는 빙하가 침식된 호수이다. 블레드 호수보다 훨씬 더 크고 호수를 에워싼 산들도 높고 험준하다. 이 주변에는 경사와 길이가 다양한 이름난 스키 코스들이 많다. 스키 시즌은 12월에서 시작해 5월 초까지 이어진다. 지금은 눈과 얼음의 흔적이 없지만 투명에 가까운 물빛이라든가 깎아지른 듯 아찔한 산세를 보면 이곳이 한때 빙하로 덮여 있던 시절의 모습이 저절로 눈앞에 그려지는 것 같다. 그때 얼어붙었던 산과 나무는 이렇게 세상이 더워질 때까지 오래 살 거라고는 생각도 못 했을 거다. 매해 겨울마다 그들은 "내가 젊었을 적에는 말이야, 이 정도 추위는 아무것도 아니었어…"라며 지나온 세월을 회고할지도 모른다.

문득 엄마 생각이 난다. 이제는 달마다 염색을 하지 않으면 머리에 하얀 눈이 내려 애처롭고 쓸쓸해 보이는 우리 엄마. 한때는 누구나 그렇듯이, 조금만 잘못 다뤄도 쨍그랑 깨져버리는 아슬아슬한 젊음과 자존심이 있었을 텐데. '밥심'이 아니라 그거 하나 믿고 겨우겨우 살았던 시절이 있었을 텐데. 늙어버린 부모에게 자존심이란 말은 젊은 취향의 유치한 귀고리처럼 전혀 어울리지 않는다. 그게 다 자식들 탓

보힌 호수 슬로베니아에서 최대 규모를 자랑하는 호수. 블레드 호수와 함께 줄리안 알프스의 대표적인 명소로 꼽힌다. 빙하의 침식으로 형성된 보힌 호수는 듣기만 해도 머나먼 태곳적을 향한 상상력을 부추긴다. 블레드 호수보다 더 큼에도 불구하고 관광지 개발은 덜 되어 한가로운 자연 그대로의 모습을 간직한 점이 더욱 매력적이다. 호수 바닥의 잔모래까지 보일 정도로 투명함을 자랑한다. 보힌 호숫가의 대표적인 마을로는 3천 명 가량의 주민이 살고 있는 보힌스카 비스트리차 Bohinjska Bistrica라는 곳이 있다. 호수 남동쪽에는 리브체프 라즈Ribcev Laz 마을이 자리하고 있다.

인 것만 같아 공연히 처연한 죄책감이 든다.

보힌 호수에 온 가장 중요한 목적은 보겔Vogel 케이블카를 타는 것이다. 일명 곤돌라라고 부르는 케이블카를 타려면 여기서 또 버스를 타고 산 중틱으로 올라가야 한다. 케이블카의 속도는 그다지 빠르지 않지만 중간 중간 경사가 꺾이는 각도는 예사롭지 않다. 뱃속이 근질거리고 오금이 저린다. 이 기세대로라면 천국까지라도 닿을 수 있을 것 같다. 레드 제플린의 노래 속에 나오는 여자처럼 나는 천국으로 가는 계단을 산 것일까. 천국으로 가는 길이 좁다는 소리는 들었지만 이렇게 가파르다고는 안 했잖아. 케이블카가 멈추자 심한 현기증이 느껴졌다. 누군가 나를 행주처럼 비틀어 짰다가 탈탈 털어 다시 펴놓은 것 같다.

케이블카가 정차한 곳의 고도는 대략 1천 미터. 아찔해서 아래를 쳐다 볼 수도 없다. 줄리안 알프스에는 크고 작은 봉우리들이 버섯처럼 솟아 있는데 그중에서 가장 높은 봉우리인 트리글라브 봉의 높이는 2,864미터나 된다. 백두산보다 약간 더 높다. 케이블카를 타고 다시 속세로 하산하기 전까지는 통유리 창 너머를 하염없이 바라보거나 뭐 좀 따뜻한 것을 먹거나 웨이트리스와 농담 따먹기를 하거나 휴게소 밖으로 나가 하이킹을 하는 등의 방법으로 시간을 보내야 한다. 나는 계란 토스트와 커피를 시켜 놓고 콧김이 시야를 흐릴 정도로 창문에 딱 달라붙어 경치를 감상하는 중이다. 목이 좋은 하늘 중간에 구름 한 채를 임대하고, 테라스에 나와 바깥 구경을 하는 기분이다. 뭔가 멀고 흐릿한 것을 바라볼 때 사람은 초연해진다.

여기는 은둔하기 딱 좋은 곳이다. 웨이트리스는 이런 곳에서 혼자 일하는 사람답지 않게 쾌활하고 야들야들 생기가 넘친다. 종일토록 만나는 사람이 거의 관광객뿐인 사람치고 싹싹한 것도 인상적이다. 커피가 맛있어서 마지막 한 방울까지 혀로 핥아 마신 다음 크고 둥글게 하품을 했다. 옆 테이블에 빨간색 등산 점퍼를 입은 남자가 빤히 쳐다본다. 강아지가 재채기를 하거나 방귀 뀌는 모습을 처음 본 사람 같다. 나는 상관 말라는 의도를 전달하기 위해 눈을 빳빳이 뜨고 입술을 쑥 내밀며, 유일하게 할 줄 아는 슬로베니아 말을 입 모양으로 말했다. 후-우-알라.

케이블카를 타고 내려온 후 블레드로 바로 돌아가긴 아쉬워서 근처에 있는 사비차Savica 폭포에 가보기로 했다. 버스를 타고 가야 하는데 버스 시간이 좀 애매하다. 마침 근처에 차를 가진 젊은 부부가 있는 것을 보고 용기를 내어 태워줄 수 있냐고 물어보았다. 그들은 흔쾌히 우리를 받아주었다. 이스라엘에서 왔다는 부부의 차 안에는 '그린 데이Green Day'가 스피커에서 흘러나왔고 뒷좌석 시트에는 프레첼 봉지와 스티븐 킹의 페이퍼백이 굴러다녔다. 비노 양과 나는 가끔 하는 식으로 별 뜻 없이 일본에서 왔다고 뻥을 쳤다. 일본 사람 행세를 하면서 아는 일본 이름을 연결해 엉터리 일본말을 하고 놀면 은근 재미있다. 이때 관건은 억양을 리얼하게 살리는 것이다. "아노, 고이즈미 오다기리

죠, 기타노 다케시 오즈 야스지로… 아, 소데스네? 이케와키 치즈루 츠마부키 사토시, 가와이 가와이… 스미마셍!" 이러다 일본말 할 줄 아는 서양인을 만나면 완전 돌아이 되는 거다.

차는 녹음이 우거진 구불텅한 산길을 침착하게 올라갔다. 똑같은 풍경을 보고 있기가 지루해서 하품이 나려고 할 때쯤 목적지에 도착했다. 차에서 내려 약간 가파른 계단을 한참 동안 올라간 후에야 폭포가 나왔다. 전망대 역할을 하는 작은 정자 같은 곳에서 주변 경치를 감상할 수 있게 되어 있고, 폭포로 들어가는 길 앞의 문은 잠겨 있다. 전망대 나무 기둥과 난간에는 세계 각지의 언어로 된 낙서가 새카맣게 휘갈겨 써져 있다. 비노 양과 나도 난간에 낙서를 보태고 폭포 사진을 몇 개 찍고 심하게 쪽쪽대며 노익장을 과시하는 노년의 독일인 부부를 존경스런 눈길로 쳐다보고 그들이 그리 오랜 간격을 두지 않고 차례로 세상을 뜰 수 있으면 좋겠다고 생각했다. 그렇게 모든 것이 단순하기를 빌었고, 나 또한 단순하지만 확실한 것들을 알게 될 날이 오기를 진심으로 바랐다.

폭포에서 내려와 카페에서 물 한 잔을 사 마시고 화장실에 다녀온 다음, 카페 앞 계단에 앉아 버스를 기다렸다. 우리보다 조금 먼저 폭포에서 내려온 이스라엘 커플은 우리를 기다리고 있었던 듯 보였다. 상냥하게 보인 호수 정류장까지 데려다주겠다고 말했지만 우리는 버스를 타면 된다고 정중히 거절했다. 평소 공짜라면 거절하는 법이 없는데 왜 그랬을까? 아마 같은 사람들에게 두 번이나 폐를 끼치는 게 멋쩍어서 그랬을 것이다. 배부른 사양이다. 그들은 고개를 갸웃거리면서 알았다고 말한 다음, 차 있는 데로 가려다가 근처에 있는 젊은 주차 요원에게 말을 걸었다. 혹시 이스라엘 사람 아니에요? 아, 맞아요. 두 분도 이스라엘에서 오셨죠? 그들은 한 부모 밑에 난 형제들처럼 반가워하며 끈끈한 포옹을 하고 히브리어로 대화를 나눴다. 저들이 한국 사람과 일본 사람을 구분하지 못하듯이 내 눈에도 이스라엘 사람이나 슬로베니아 사람이나 다 똑같아 보인다. 뭔가 설명할 수는 없어도 내부자들끼리 식별 가능한 미묘한 표시가 있다는 것이 그저 신기하기만 하다.

정말로 그러한 것이 있다면 언어와 국적을 초월하여, 첫눈에 알아보고 싶은 사람이 있다. 우스꽝스러운 포비아를 몇 개쯤 가지고 있고 부끄러운 습작 노트 혹은 스케치북을 가져본 적이 있고 피카소보다 자코메티를 좋아하고 담배와 연필에 대해서 나름의 소회를 밝힐 수 있고 바게트 빵을 보면 모딜리아니가 사랑한 여인의 얼굴이 떠오른다고 말할 수 있는 그런 사람. 박쥐들의 초음파처럼 내게도 그런 기똥찬 의사소통 수단이 있어서 나와 같은 종種을 쉽게 발견할 수 있으면 얼마나 좋을까.

휴브리스의 왕림

> "걷는 게 고역일 때
> 길이란, 헤쳐워야 할
> '거리' 일 뿐이다
> 사는 게 노역일 때
> 삶이, 헤쳐워야 할
> '시간' 일 뿐이듯"
>
> ─ 황인숙 「세상의 모든 비탈」

　　　　　　스무 살을 갓 넘겼을까 싶은 애송이 주차요원은 약간 시건방져 보였고 누들스보다는 맥스에 가까운 수상쩍은 아우라를 풍겼다. 그는 실실 웃으며 자꾸만 우리 근처를 맴돌았다. 쟤 왜 저렇게 기분 나쁘게 웃는 거야? 비노 양과 나는 팔짱을 낀 채 눈을 내리깔고 딴청을 피웠다. 그는 뭔가 긴히 할 말이 있는 듯 한참 서성대더니 드디어 입을 뗀다. "저기, 좀 도와줄까요?" 흥! 우리는 나뭇잎이 우수수 떨어질 정도로 엄청난 콧방귀를 뀌고는 고맙지만 괜찮다고 말했다. 그리고 버스를 기다리고 있을 뿐이니까 신경 쓰지 말라고 했다. 그는 하고 싶은 말이 더 있는 것 같았지만 우리의 냉기에 주눅이 들었는지 그냥 돌아섰다. 그렇지만 계속 면발치에서 고개를 절레절레 젓거나 한숨을 푹푹 쉬면서 성가신 분위기를 연출하고 있었다.

휴브리스hubris에 대해 알게 된 것은 그리스 비극을 읽으면서였다. 위대한 인물들은 별다른 잘못을 저지른 것 같지 않고 완벽해 보이는데도 참혹한 비극의 희생자가 되곤 한다. 그 이유는 대개 그들이 성격적 결함이나 약점을 지니고 있기 때문이다. 그중 하나가 휴브리스이다. 휴브리스는 거대하고 오묘한 세계의 섭리를 무시하고 인간의 한계를 인정하지 않는 오만 혹은 교만을 말한다. 신화의 시대가 아닌 현대에서는 위대하기는커녕 별 웃기지도 않은 인간들이 휴브리스 때문에 화를 자초하곤 한다. 이런 인간은 먼지나도록 맞아야 정신을 차린다. 400번의 구타로도 모자란다. 어울리잖게 도도한 척 구는 우리를 보고 주차요원은 얼마나 같잖았을까?

마침내 그는 저벅저벅 걸어오더니 우리가 듣건 말건 상관없다는 듯이 버스는 세 시간마다 오고 이제는 막차밖에 없으니 알고 나 기다리라고 선언한 뒤 자기가 일하던 곳으로 돌아갔다. 세 시간마다! 막차라고! 우리는 30분마다 버스가 오는 줄 알았는데! 그래서 차 태워주겠다는 제의도 호기롭게 거절했는데! 너무 어이가 없어서 쪼르륵 그의 꽁무니를 따라가 농담하지 말라고 따졌다. 분명히 카페 주인이 30분마다 버스가 온다고 했으니 네가 잘못 아는 것이 분명하다고 으르렁거렸다. 그는 혀를 쯧쯧 차면서 막차가 올 때쯤엔 깜깜해지고 추워질 테니 알아서 잘하라고 말하고는 사라져버렸다. 탐험가 아문센은 모험이라는 것은 허술한 사전 계획 때문에 생겨나는 사고에 불과하다고 말했다. 우리는 그동안 여러 번의 사고를 모험이라고 자위해 왔지만, 이번에는 참

말로 모험할 기분이 아니다. 날이 어두워질 때까지 인적 드문 산속에 있고 싶지도 않고 얼른 블레드로 돌아가 점 찍어둔 중국식당에 가서 맛있는 저녁도 먹고 싶다. 우리는 시간을 아끼기 위해 빠른 판단을 내렸다. 기껏해야 얼마 걸리겠냐고, 보힌 호수까지 걸어 내려가기로 한 것이다 (지금 생각해보면 이 무모한 판단이 더 놀랍다). 재수 좋으면 지나가는 차를 세워 얻어 탈 수 있을지도 몰랐다.

물론 착각은 자유고 꿈을 품는 데는 돈이 안 든다. 단지 지나치게 원대한 꿈은 비웃음을 살 뿐이다. 20분을 걸었는데 차가 한 대도 안 지나간다. 지금쯤 애송이 주차요원은 입이 찢어져라 우리를 비웃고 있겠지. 발바닥의 고통이 점점 심해져서 모카신을 벗어들고 양말만 신은 채로 산길을 걸어 내려갔다. 발목에 쇠사슬이 채워진 듯 한 발짝 한 발짝이 천 근 만 근이다. 고통을 잊으려고 노래를 불렀다.

켄터키 옛집에 햇빛 비치어 여름날 검둥이 시절
저 새는 긴 날을 노래 부를 때 옥수수는 벌써 익었다
마루를 구르며 노는 어린 것 세상을 모르고 노나
어려운 시절이 닥쳐오리니 잘 쉬어라 켄터키 옛집

비노 양과 함께 기억을 더듬어 가사를 끼워 맞추다보니 꼭 '쟁반 노래방'을 하는 것 같다. 학교 다닐 때는 이렇게 슬픈 가사인 줄 몰랐는데. 그때는 나도 세상을 모르고 엄마 품에서 노는 어린애라 그랬을까. 찬란한 햇빛 속에서 잘 익은 옥수수와 철모르는 새끼를 바라보며 웃음 짓고 있는 검은 어머니의 모습이 그려진다. 착잡한 풍경이다. 옥수수는 남의 곳간에 쌓일 것이고 어린 자식이 자라면 자신과 마찬가지로 노예가 될 텐데. 그 사실을 모르지 않을 어머니가 잠시 시름을 잊은 채 짓는 웃음은 바보 같이 순수하고 너무 착해빠져서 부아가 나게 만드는, 그런 웃음일 것이다. 그런 웃음은 슬프다.

그때였다. 어깨를 축 늘어뜨리고 걷고 있는 우리들 옆에 하얀색 밴 한 대가 주춤거리며 멈춰 섰다. 흘깃 창문 안을 들여다보니 운전자를 포함해 기골이 장대한 남자 세 명이 타고 있었다. 이건 탈 수도 없고 안 탈 수도 없는 상황이다. 우리의 거리낌을 눈치 챘는지 조수석에 앉은 머리 희끗한 아저씨가 자기들은 선교사라고 신분을 밝혔다. 그 아저씨는 그렇다 치고, 나머지 두 분의 외모는 죄송하지만 영락없는 깍두기 스타일이다. 비노 양과 나는 그 와중에 소곤소곤 의논을 나누었다. 어떻게 할까? 글쎄 네 맘대로 해. 자세히 보면 그래도 착해 보이지 않아? 하긴 원래 우락부락하게 생긴 남자들이 마음은 비단결이래잖아. 누가 그래? 글쎄. 근데 나쁜 사람들 같으면 저렇게 기다리고 있을 시간에 벌써 우리 입을 틀어막고 차에 태우지 않았을까? 듣고보니 말 되는 말이었다. 사실 또 깍두기가 어때서. 깍두기를 보면 인생 어슷어슷 살지 말고 네모반듯하게, 딱 부러지게 살라는 경고 같지 않아? 노선을 확실히 하지 않아서 인생 꼬이는 경우가 얼마나 많냐고. 우리는 노선을 확실히 하기 위해 씩씩한 척하며 차에 탔다. 어쨌든 더는 못 걷겠다.

우리에게 말을 건넨 아저씨는 미국인이었고 나머지 과묵하고 건장한 두 사람은 보스니아인이었다. 세 사람 모두 체코에서 선교 활동 중인데 베네치아까지 여행하는 중이라고 말했다. 우리는 차에 타자마자 신발부터 신었다. 납치범 앞이라 해도 창피한 건 창피한 거니까. 민망함을 숨기기 위해 쾌활함을 가장했다. 나는 당신들이야말로 선한 사마리아인이라고 호들갑을 떨었다. 선교사 아저씨들은 멀리서 우리가 걷는 모습을 보고 차에 태워 줘야겠다고 생각했단다. 그 꼴이 얼마나 불쌍하고 딱해 보였을까. 이윽고 아까 버스에서 내렸던 보힌 호숫가 앞의 정류장에 안전하게 도착했다. 오늘도 이렇게 구차한 목숨이 보전되었다. 마침 5분 뒤면 블레드로 가는 버스가 온다. 보힌 호수를 제대로 구경하지 못하고 사진도 못 찍은 것이 마음에 걸렸다. 시간이 너무 없다. 정류장에서 호수까지는 약간 거리가 있다. 여기까지 와서 사진 찍다가 버스를 놓칠 가능성도 있었다. 우리는 또 한번 모험을 감행했다. 한 사람씩 번갈아 호숫가에 서서 포즈를 잡았고 나머지 사람은 허겁지겁 셔터를 눌렀다. 저만치에 버스 얼굴이 나타났다. 부리나케 정류장으로 달렸다. 길 가던 사람들이 우리가 하는 짓을 처음부터 끝까지 지켜보고 있다가 삿대질을 하며 웃었다.

블레드에 무사히 돌아와 소원대로 중국식당에서 울면을 먹었다. 원래 울면은 메뉴에 없었다. 국물 있는 것을 먹고 싶다고 했더니 주인아주머니가 알아서 만들어주겠다기에 믿고 시켰다. 야채는 희박했고 약간의 계란지단 말고 변변한 건더기도 없었다. 다만 면의 양만

253

큼은 동급 최강이었다. 국물에서는 정체를 알 수 없는 묘한 된장 맛이 났는데, 그게 또 나름대로 시원하고 얼큰했다. 슈퍼마켓에서 값싼 와인을 사가지고 숙소에 돌아왔다. 아로마 족욕을 하면서 와인을 데워먹었다. 목이 칼칼하고 맑은 콧물이 작은 개울처럼 흐른다. 감기가 시작되려나보다.

삶이란 부침개

진실은 작가불명이고,
오로지 오류만이 개인적인 소산이다.
– 폴 벤느

　　자의적이고 변덕무쌍한 오류투성이 여행기가 거의 끝나가고 있다. 심드렁했다가 발끈했다가, 미친 듯이 황홀경에 올랐다가 또 언제 그랬냐는 듯 허무의 갱도에 처박혔다가. 그럴 수밖에 없겠지만 이 여행기의 심성은 자연인 나를 꼭 닮아 있다. 마음의 온도 변화가 잦고 로고스보다 파토스 과잉인 이상한 나. 롤랑 바르트는 글쓰기가 끊임없이 맞닥뜨릴 위험이 있는 천박함에 대해서 이런 말을 했다. "말하자면 글쓰기는 매번 '무용수의 장딴지'를 스스로 보여주고 있는 것이다." 나 역시 흉하게 근육이 뭉친 장딴지를 스스로 노출시키고서 어쩔 줄 몰라 하며 부끄러워하고 있다. 때때로 세상과 나의 관계를 단순화시키거나 과장하려 했을 수도 있을 것이다. 매혹적인 초현실주의 그림들처럼, 왜곡 혹은 변형되었을 때 더 설득력 있는 것들이 있다고 믿기 때문에. 그러나 그것은 나만의 생각일 뿐. 어떻게 하면 우연의 결실이자 순간의 마법인 경험을 가장 온전하게 전달할 수 있는 것인지, 정말이지 하나도 모르겠다. 조심스레 지퍼락에 밀봉했던 경험들이, 꺼내놓고보니 하나같이 꾀죄죄하다.

얼마나 성숙했을까. 지구의 산소를 소비하고 공간을 차지하기에 마땅한 권리를 얻었을까. 여권에 찍힌 스탬프를 들여다보고 있으면, 그게 꼭 한 해 더 세상에 누를 끼치고 살아도 좋다는 승인 도장인 것만 같아서 뿌듯해진다. 다음 해에도 승인을 받으려면 올해 또 어딘가 낯선 곳에 가서 살아보려고 발버둥쳤음을 증명하는 서류를 제출해야 할 것이다. 다행인 것은 결과가 신통치 않아도 노력했다는 사실만으로 정상이 참작된다는 점이다. 그런 면에서 여행은 관대한 판관이다.

나는 모든 사물이 쓸모 있기를 바라는 완고한 낭만주의자이고 나무들에게 배울 것이 많다고 여기는 느슨한 자연주의자이다. 가난한 승려처럼 홀연히 달관한 척하기를 즐기고, 때로는 토끼를 발견한 시라소니마냥 무섭게 삶을 움켜쥐려 하기도 한다. 결과론적인 판단이지만, 나에게 동유럽은 기질적으로 잘 어울리는 곳이었던 것 같다. 사람들이 뭐가 그렇게 좋았냐고 물으면 한번에 시원스럽게 대답하지 못하고 머뭇거렸었는데, 우연히 N님 덕분에 알게 된 책인 『신을 찾아가는 아이들』에서 단서를 발견했다. 나는 그 한 마디를 하지 못해서 이렇게 장황해야만 했던가보다.

더글러스 커플런드, 신을 찾아가는 아이들 커플런드는 『X세대』라는 자신의 첫 소설로 일약 스타덤에 오른 작가. 이력으로 알 수 있듯이 『신을 찾아가는 아이들』에도 마약과 어리석은 직업, 공허한 섹스로 인해 자신을 잃어버린 젊은이들이 나온다. 소설 말미에 이르러 서술자는 신이 필요하다고, 더 이상 혼자선 살아갈 수 없으니 자신을 도와줄 신이 필요하다며 스스로 익사함으로써 세상과 작별한다. 얘기는 이렇지만 사실 줄거리를 꿰워 맞춘다는 것 자체가 극히 무의미한 일이다. 아무렇게나 쓱쓱 그린 듯한 삽화로 시작하는 각 장마다 짧은 우화 같은 이야기들이 가느다란 실로 힘겹게 이어져 있을 뿐이다. 그럼에도 불구하고 이 소설은 영혼에 관한 이야기를 담고 있다. 다분히 감상적이고 혼란스러운, 그리하여 조금 유치하지만 삶의 의미를 찾는 일이 그토록 힘겹고 막막하다는 사실에 조용히 공감할 수밖에 없었다.

독수리를 보자마자 너는, 느닷없이, "사람은 어디서 왔느냐?"고 물었다. 네가 생식을 뜻했는지, 노아의 방주를 뜻했는지, 아니면 다른 어떤 것을 뜻했는지 확실히 알 수 없었다. 그 어느 쪽이든 그 당시 나로서는 다소 답하기 힘들었다. … 너는 다시 물었고, 그래서 나는 부모가 그래서는 안 되지만 임시변통으로 네게 대답했다. 나는 사람은 "저 뒤 동쪽에서" 왔다고 말했다. 너는 이 대답에 만족한 것 같았다.

사람은 어디서 왔느냐니. 어쩌자고 어린이들은 저런 질문을 하는 거냐. 어린이는 어른을 물 먹이기 위해 태어난 존재들인가. 혹시 조카 녀석들이 저렇게 물으면 뭐라고 대답해야 할지 모르겠다. 아무래도 "저 뒤 동쪽에서"보다 더 근사한 대답은 떠오르지 않는다. 동쪽이 그냥 동쪽이라서 좋았는데, 사람의 고향이라고 하니까 아늑하게 느껴져서 더 좋다. 그러니까 우린 모두 '동쪽에서 온 사람들'의 자손인 거다. 매일 해가 지고 다시 새로 떠오르듯이 사는 건 끝없는 부침浮沈의 연속이고, 매일 죽었다가 다시 태어나는 기분으로 살아가라는 말을 저보다 더 간략하고 무책임하게 할 수 있을까. 삶의 의지를 갱신하는 것이 마치 부침개 한 장 뒤집는 것과 다를 바 없다는 듯이.

김수영은 어느 시에서 절망과 담판을 지은 바 있다. 그 잘난 절망도 목뼈는 못 자른다고. 겨우 손마디뼈를, 새벽이면 하프처럼 분질러놓고 갈 뿐이라고. 20대 중반쯤에 있었던 일이다. 눈앞에서 사랑이 달아나는 모습을 보고 분에 못 이겨 지하철 역사의 벽을 주먹으로 친 적이 있다. 꽤 과격한 과거이다. 내 생애 그렇게 격한 정념을 터뜨린 적은 처음이었건만, 뼈도 부러지지 않았고 하물며 피 한 방울도 흐르지 않았다. 황당할 정도로 나는 멀쩡했다. 그때 깨달았다. 제기랄, 어떤 절망도 살아있음을 이길 수는 없다는 걸. 아무리 엿 같은 상황에서도 삶이란 부침개를 뒤집어야 한다는 것을.

　　　　이제 정든 동유럽을 떠나 괴테가 사랑한 나라, 한때 제국이었으나 폐허가 돼버린, 그 폐허조차 동경하게 만드는 나라 이탈리아로 간다. 블레드 기차역Bled Jezero에서 노바 고리차Nova Gorica까지 가는 표를 끊었다. 노바 고리차는 '뉴 타운'이란 뜻이다. 여기서 국경을 넘으면 올드 타운인 고리치아Gorizia가 나온다. 안드레야 말로는 그냥 국경을 넘으면 된다는데, 국경이 고무줄도 아니고 전우의 시체도 아니고 도대체 어떻게 넘으라는 말인지? 아무튼 그녀 말만 철석같이 믿고 별로 심각하게 고민하지 않았다. 막상 노바 고리차에 내리니 역 주위는 허허벌판. 황량하기 그지없다. 신체포기 각서를 쓴 사람들이 장기를 절취당하고 버려질 것 같은 그런 벌판이다. 역 앞에서 만난 천재 할머니의 도움이 아니었다면 사람 그림자도 안 보이는 이 적막한 곳에서 또 무슨 고생을 했을지 모르겠다. 그녀는 슬로베니아어, 크로아티아어, 체코어, 러시아어, 영어, 프랑스어, 독일어, 네덜란드어, 폴란드어 등 할 줄 아는 언어가 10개가 넘는다고 한다. 국경까지는 걸어서 한 시간 거리기 때문에 택시를 타야 한다는 정보도 이 할머니에게 들어 안 것이다(안드레야!

왜 그랬어요!). 할머니는 우리를 위해 콜택시를 불러주고 가격을 흥정해 주고 택시기사의 명함까지 챙기셨다. 기사는 슬로베니아어와 이탈리아 어를 한다. 이 동네 왜 이러나. 기본이 2개 국어이다. 할머니는 우리를 고리치아까지 안전하게 데려다주고 역에 도착하면 티켓 사는 것도 도 와주라고 신신당부를 하셨다. 경황이 없어서 이름도 못 여쭈었는데, 지 금 생각하면 너무나 고마운 할머니이다.

이탈리아에 오자마자 그 유명한 파업이 우리를 기다리 고 있다. 5시까지 기차가 없다. 택시기사는 130유로를 내면 베네치아까 지 데려다줄 수 있다고 했지만, 나는 조금만 기다려보자고 말했다. 뭘 믿고 그랬는지 몰라도 왠지 이게 다는 아닐 것 같았다. 그때 전광판이 사사삭 바뀌더니, Venezia S.L 11:48이 떴다. 거짓말 같은 반전이었다! 우연의 음악가가 그냥 놀고 있을 리 없었다. 기차는 낡고 지저분했다. 하지만 빠르다! 슬로베니아 기차보다 세 배는 빠르다! 아무 원칙 없는 이탈리아 사람들. 그래도 불같은 성질 하난 마음에 든다. 쌩쌩 달리는 기차 안에서 흡족하게 입맛을 다시며 꿀 같은 잠을 잤다. 꿈에서 알 파 치노만큼 잘생긴 아저씨가 부온 조르노, 부온 조르노라고 인사를 했다. 나는 헤벌쭉 웃으며 양팔을 벌렸다. 그는 내 팔을 톡톡 치며 어눌한 영 어 발음으로 수줍게 말했다. "Ticket, please." 눈을 번쩍 떴더니 검표 원 아저씨가 참을성 있게 기다리고 있었다. 나는 벌건 얼굴에서 땀을 훔 치며 황급히 주머니에서 표를 꺼냈다.

●

●

　　　　인도 뭄바이에는 '침묵의 탑'이라고 하는 것이 있단다. 조로아스터교의 전통적 장례 방식인 조장鳥葬이 이루어지는 원통형 돌탑이다. 조로아스터교에서는 불을 가장 중요시하지만 공기, 흙, 물도 더럽히지 않는 것이 원칙이다. 그래서 화장, 토장, 수장 대신 새가 사체를 쪼아 먹도록 내버려두는 조장을 행한다. 조로아스터교 신자, 즉 '파시'들이 세상을 떠나면서 가장 마지막으로 쌓는 공덕이 바로 새에게 시신을 내주는 것이라고 한다.

　　　　새에게 살을 뜯어 먹히고 난 뒤의 잔해. 나뒹구는 백골의 비주얼이 썩 유쾌할 리는 없겠지만, 보이는 것이 전부는 아니다. 파시들은 조장이 세상에서 가장 위생적이고 친환경적인 장례 방식이라고 믿는다. 나는 이 작은 책이 그러한 '조장'의 취지를 닮았으면 좋겠다. 지구의 귀중한 자원과 에너지를 사용했으니, 이 녀석도 누군가의 허기를 면해주는 짭짤한 간식이 되면 좋겠다. 그리고 흉물스런 쓰레기가 되어 생을 마감하지 않기를 바란다. 그러나 이런 마음도 지나친 욕심과 결벽의 증거일까. 내가 이 책에 대해 무언가를 바란다는 것 자체가 조심스럽다.

불가피하게 세상에 흔적을 남기고 사는 게 생명 있는 존재들의 운명이라지만, 그 흔적을 최소화하고 찌꺼기를 되도록 청결하게 처리하고 싶다. 밥그릇을 부시듯, 뇌 주름 사이사이에 낀 때들도 박박 벗겨내고 싶다. 잡념의 설거지는 오롯이 일상의 의식이 된다. 인도까지 날아가 공덕을 쌓을 주제는 못 되어도, 그냥 자질구레한 '주부의 마음'으로 무던하게 살아갔으면….

이제 이 녀석은 내 태(胎)를 떠난다. 나는 곧 탯줄을 자르고 어여쁜 단추 같은 배꼽이 생기기를 기다리겠지. 그러나 내가 할 수 있는 일은 기껏해야 거기까지. 남은 일은 하늘의 뜻, 혹은 팔자소관이라 생각하자.

글을 쓰면서 내게 책임과 삶의 연속성이란 문제를 늘 생각하게 만드는 가족들을 떠올렸다. 그저 바라보기만 해도 마음이 물컹거리는 조카들 얼굴이 특히 자주 떠올랐다. 좋건 싫건 그들은 내 일부다. 배꼽 혹은 십이지장처럼. 그래서 그들에게 감사하네 사랑하네 나불대는 건 좀 많이 낯간지럽다. 그냥 그들 모두의 삼시 세끼 무난한 소화와 무병장수를 기원한다. 그리고 내게 살아갈 힘과 기운을 주는 최후의 비타민 D, 언제나 의연한 삶의 모습을 몸소 보여주는 H에게도 고마움을 전한다.

아, 참 잊을 뻔했네. 내 밥줄, 책들이 있잖아! 이 몸이 그

럭저럭 먹고 사는 것도 다 그대들 덕분이거늘. 넓고 넓은 세상 속에 경
이로운 소우주를 이루고 있는 그 모든 책들에게 감사한다. 책들이 있어
물질의 세상이 더 풍요로워지고 명징해지는 것을 나는 여러 번 경험했
다. 세상 모든 책들이여, 천수를 누리소서.

2010년 2월
윤미나

굴라쉬 브런치

- 번역하는 여자 윤미나의 동유럽 독서여행기

ⓒ 윤미나 2010

초판 1쇄 인쇄	2010년 2월 25일
초판 1쇄 발행	2010년 3월 3일
지은이	윤미나
펴낸이	강병선
편집인	윤동희
디자인	문성미
마케팅	신정민
온라인 마케팅	이상혁 한민아
제 작	안정숙 서동관 김애진
제작처	유림문화(인쇄) 시아북바인딩(제본)
펴낸곳	(주)문학동네
출판등록	1993년 10월 22일 제406-2003-00045호
임프린트	북노마드
주 소	413-756 경기도 파주시 교하읍 문발리 파주출판도시 513-8
전자우편	ceohee02@nate.com
문 의	031.955.8891(마케팅) 031.955.2675(편집) 031.955.8888(팩스)
북노마드 카페	http://cafe.naver.com/booknomad
ISBN	978-89-546-1054-4 03980

www.munhak.com